Jarosław Wojciechowski

Zachowanie zmodyfikowanych cząstek polistyrenowych w polu elektrycznym

Jarosław Wojciechowski

Zachowanie zmodyfikowanych cząstek polistyrenowych w polu elektrycznym

Wpływ chemicznej modyfikacji mikro- cząstek polistyrenowych na ich zdolność do samoorganizacji w polu elektrycznym

Wydawnictwo Bezkresy Wiedzy

Impressum / Imprint
Bibliografische Information der Deutschen Nationalbibliothek: Die Deutsche Nationalbibliothek verzeichnet diese Publikation in der Deutschen Nationalbibliografie; detaillierte bibliografische Daten sind im Internet über http://dnb.d-nb.de abrufbar.

Informacja bibliograficzna Niemieckiej Biblioteki Narodowej: Niemiecka Biblioteka Narodowa rejestruje tę publikację w Niemieckiej Bibliografii Narodowej; szczegółowe informacje bibliograficzne dostępne są w Internecie na stronie http://dnb.d-nb.de.

Coverbild / Okładka: www.ingimage.com

Verlag / Wydawnictwo:
Wydawnictwo Bezkresy Wiedzy
ist ein Imprint der / jest znakiem handlowym
OmniScriptum GmbH & Co. KG
Bahnhofstraße 28, 66111 Saarbrücken, Deutschland / Niemcy
Email: info@omniscriptum.com

Herstellung: siehe letzte Seite /
Druk: patrz ostatnia strona
ISBN: 978-3-639-89141-6

Spis treści

1. Wprowadzenie

Wielką rolę we współczesnej nauce i technice przypisuje się niewielkim układom substancji chemicznych, które można kontrolować za pomocą zmian parametrów. Naturalnym dla nas wydaje się dążenie do miniaturyzacji. Coraz częściej wykorzystywane są do tworzenia takich układów mikro- cząstki. Efekt Źrenicy może zostać zatem wykorzystany przy opracowywaniu nowych technologii, gdyż polega on na określonej manipulacji mikro- cząstkami na powierzchni kropli. Przypomina on zamykanie i otwieranie oka. „Powiekę" tworzyłyby w tym przypadku cząstki koloidalne.

1.1. Czym jest efekt źrenicy?

„Efekt Źrenicy" może być zaobserwowany jedynie w określonych warunkach panujących w układzie badawczym. Dotyczy on zachowania cząstek koloidalnych na powierzchni kropli w odpowiednim polu elektrycznym.

Na powierzchni kropli (umieszczonej w ciekłym ośrodku), w której znajdują się cząstki koloidalne, przy przyłożeniu pola elektrycznego następuje ich uszeregowanie. Ponadto obserwuje się adsorpcję fizyczną. Odpowiedzialne są za to efekty elektro- hydrodynamiczne i elektro-reologiczne takie jak ruchy wirowe cieczy oraz oddziaływania dipolowe w polu elektrycznym. Cząstki w polu elektrycznym o odpowiedniej wartości zaczynają tworzyć dwuwymiarowe łańcuchy, ułożone równolegle względem siebie na powierzchni kropli. Gdy patrzy się na nie z odpowiedniej perspektywy kropla z cząstkami koloidalnymi przypomina otwarte oko. Natomiast, gdy zmieni się w odpowiedni sposób pole elektryczne to cząsteczki przegrupują się, tworząc pas łańcuchów ułożony prostopadle do poprzedniej konfiguracji. Można będzie wtedy zaobserwować efekt przypominający zamknięcie oka (Rysunek 1) [1].

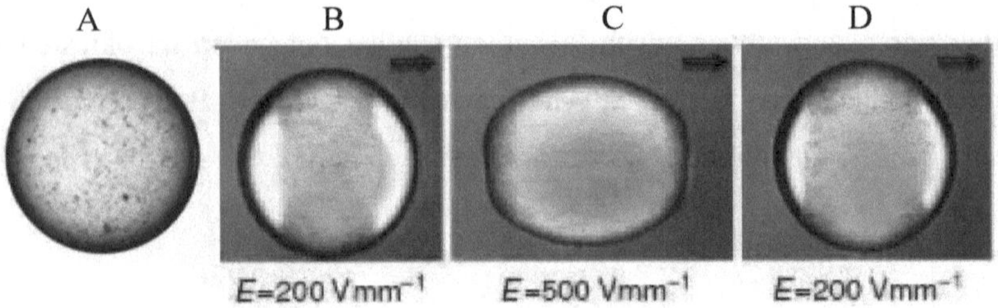

Rysunek 1.(A) Mikro- cząstki w oleju silikonowym bez pola elektrycznego **(B)**, w polu elektrycznym o natężeniu równym 200 V/mm **(C)**, w polu o natężeniu równym 500 V/mm **(D)**, i ponownie w polu o natężeniu równym 200 V/mm [1].

1.2. Przygotowanie i parametry układu

W modelowym układzie, jako cząstki koloidalne służą cząstki gliny (o niewysokiej stałej dielektrycznej). Istotnym jest, aby ich rozmiar i masa nie były zbyt duże, gdyż w przeciwnym razie może to spowodować sedymentację. Wybierając inne tworzywo warto zwrócić uwagę na powinowactwo do cieczy, w której będzie zachodził efekt. Gdy będzie ono małe mikro-cząstki zaczną opuszczać kroplę przechodząc do otoczenia z innej cieczy, w której jest ona osadzona. Wynika to z niewielkiej energii adsorpcji cząstki do powierzchni cieczy, która silnie zależy od kąta zwilżania cząstki przez ciecz. Jak również istotna jest mała stała dielektryczna i niskie przewodnictwo materiału (ale większe niż w przypadku użytych cieczy). Istotnym parametrem w układzie jest koncentracja owej stałej substancji. Gdy będzie ona zbyt duża nie uda się zaobserwować efektu, ponieważ cała granica pomiędzy cieczami będzie zapełniona. Najlepsza koncentracja wynosi około 1- 1,5% części wagowych (mikro-cząstek w stosunku do kropli cieczy o wielkości około 1 mm). Tworzy się wtedy pas o szerokości zależnej od wielu parametrów np. wielkości kropli czy ilości cząstek koloidalnych.

Jeśli chodzi o ciecze, winny one posiadać zbliżone właściwości elektryczne (niskie przewodnictwo, podobną stałą dielektryczną), aby wywołać elektrohydrodynamiczne pływy cieczy, które stanowią jeden z mechanizmów transportu cząstek [1]. Oczywiście powinny mieć również zbliżoną gęstość, aby zminimalizować siłę wyporu kropli przez ciecz. Stosowane podczas prac ciecze to: olej silikonowy (Down Corning 200/50 cSt, Prod 630074A, gęstość właściwa 0.97 gcm^{-3}, przewodnictwo elektryczne ~3–5 pSm^{-1}, stała dielektryczna, lepkość 50 cSt) stanowiący kroplę, oraz olej rycynowy (Sigma-Aldrich 83912, gęstość właściwa 0.961 gcm^{-3} w 25 °C, przewodnictwo elektryczne 45 pSm^{-1}, stała dielektryczna 4.7, lepkość ~700 cSt). Naczyniem pomiarowym był szklany pojemniczek. Wewnątrz umieszczono dwie miedziane elektrody o powierzchni ok. 4 cm^2 każda.

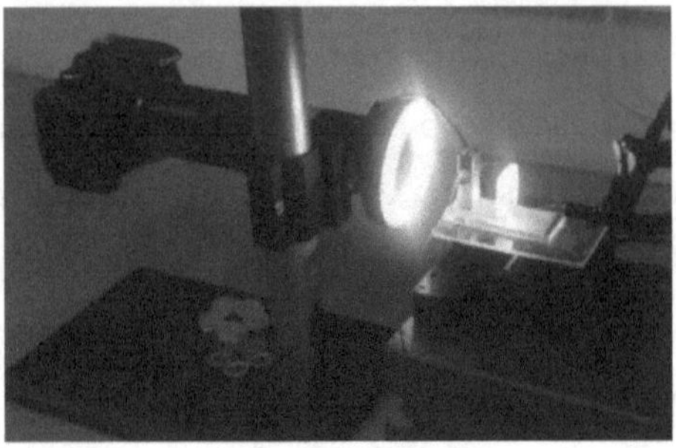

Rysunek 2. Przednie źródło światła, naczynko pomiarowe oraz szkiełko matowe likwidujące refleksy.

Obserwacji dokonuje się za pomocą aparatu fotograficznego/ kamery z podłączonym mikroskopem. Niezbędnym okazuje się odpowiednie oświetlenie (Rysunek 2) oraz ruchomy statyw, który pozwala kontrolować prawidłową obserwację kropli (o objętości ok. 5 µl). Układ rejestrujący podłączony jest do komputera.

Aby móc dobrze przeprowadzić obserwację eksperymentu, trzeba należycie dobrać parametry urządzeń rejestrujących. Skoro prowadzi się obserwację trójwymiarowego indywiduum warto zwrócić uwagę, czy aparat i obiektyw z mikroskopem dają dobrą głębię ostrości. Powiększenie natomiast musi pozwalać na obserwowanie cząstek o wymiarach kilkudziesięciu mikrometrów oraz powinno dać się też łatwo kontrolować.

Odległość robocza winna wynosić minimum 20 milimetrów. Do elektrod należy podłączyć źródło prądu z miernikiem.

1.3. Ruch elektro- hydrodynamiczny.

Pierwszym zjawiskiem zachodzącym podczas przyłożenia do układu odpowiedniego pola elektrycznego (o wartości 200 V/mm) jest ruch hydrodynamiczny cząstek koloidalnych pod wpływem pola elektrycznego. Skutkiem jego działania jest powstanie pasa równoleżnikowego cząstek prostopadle ułożonego do linii sił pola (Rysunek 3a). Na mikro- cząstki oddziałuje pole elektryczne, które wewnątrz kropli nie jest jednorodne. Opierając się na numerycznej mechanice płynów został stworzony tzw. Model Taylora (Rysunek 4) [2,3], w którym opisywany jest przypadek oleju silikonowego zanurzonego w oleju rycynowym. Przewiduje on, że na równiku kropli oleju silikonowego prostopadłym do linii sił pola zewnętrznego indukuje się lokalnie największe pole elektryczne. Cząsteczki koloidalne, jako że mają wyższą polaryzowalność zaczynają oddziaływać ze sobą, a ich układ przypomina spiralę. Duży wpływ na to mają ruchy wirowe cieczy. Siła, która działa na mikro- cząstki jest opisana wzorem:

$$F = 2\pi\varepsilon\varepsilon_0 b^3 \frac{\sigma_p - \sigma_m}{\sigma_p + 2\sigma_m}$$

gdzie: $\varepsilon\varepsilon_0$ - stała dielektryczna cieczy (w naszym przypadku oleju silikonowego)
b - promień mikro- cząstek
σ_p - przewodnictwo mikro- cząstek
σ_m - przewodnictwo cieczy

Model Taylora, o którym wspomniano wcześniej nie opisuje zachowania układu w sytuacji, gdy natężenie pola elektrycznego jest zbyt duże (ok. 500 V/mm). Pierścień prostopadły do linii sił pola znika. Mikro- cząstki zaczynają gromadzić się na biegunach kropli od strony elektrod.

Jest to spowodowane pojawieniem się dużego indukcyjnego ładunku na cząstkach koloidowych, na tyle dużego, że powoduje to ich migrację w kierunku przeciwnie naładowanej elektrody. Przewodnictwo zwiększają wytworzone formy łańcuchowe. W rezultacie efekt elektro-hydrodynamiczny zostaje stłumiony przez oddziaływania dipolowe [1].

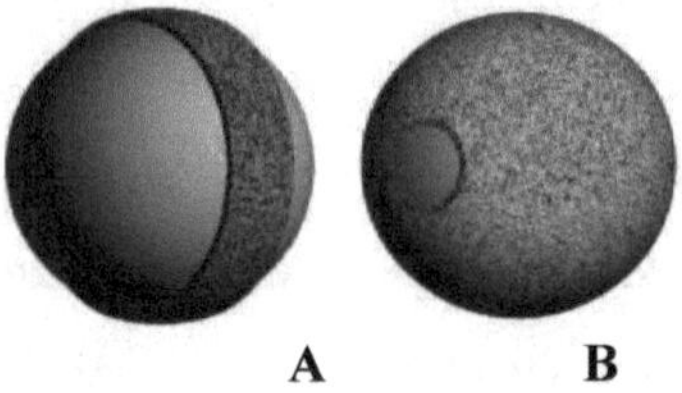

Rysunek 3. Skutki hydrodynamicznego przepływu (**A**) oraz oddziaływania dipolowego w wyższym polu (**B**) [1].

Z pasa równoleżnikowego mikro- cząstki przechodzą na większą powierzchnię kropli, tworząc cieńszą warstwę (Rysunek 3b).

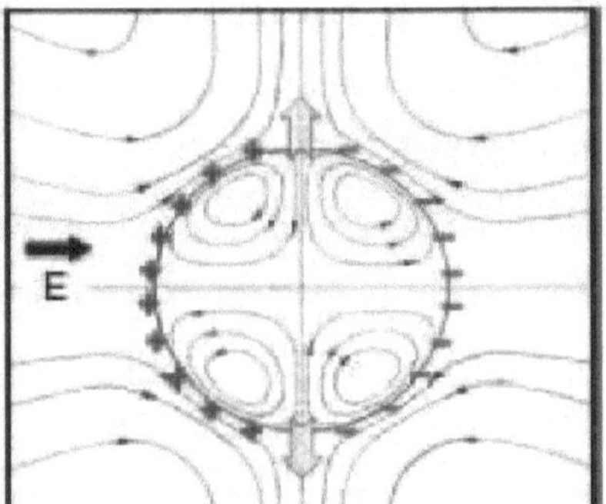

Rysunek 4. Model Taylora dla rozkładu linii pola elektrycznego w kropli oleju silikonowego [1].

1.4. Wpływ koncentracji mikro - cząstek koloidalnych

Do doświadczenia wykorzystywane są cząstki, które posiadają lepsze właściwości elektryczne niż dane oleje. W sytuacji, gdy koncentracja ich w kropli oleju silikonowego będzie mała (np. 0,5% części wagowych), w wyższym polu elektrycznym (ok. 600 V/mm) pojawią się zakrzywienia łańcucha koloidalnych cząstek

Rysunek 5b), niewidoczne przy niższych polach (ok 200V/mm)

Rysunek 5a). Nad efektem Taylora zacznie przeważać ruch wirowy domen cieczy (Rys. 6c). Przy koncentracjach powyżej 1,5% części wagowych nie udałoby się również zaobserwować Efektu Źrenicy, gdyż mikro- cząstki zajęłyby całą powierzchnię granicy olejów [1].

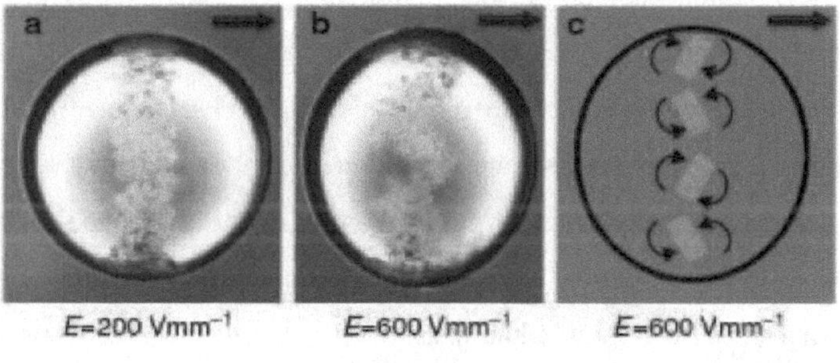

Rysunek 5. Zachowanie w polu elektrycznym mikro- cząstek gliny o koncentracji 0,5% części wagowych [1].

1.5. Mikrocząstki koloidalne

Praca w dużym stopniu skupia się na znalezieniu odpowiednich materiałów stałych, które mogłyby zostać użyte jako odpowiednie do powstania Efektu Źrenicy. Wielkość, kształt i ciężar muszą być odpowiednie, aby po pierwsze nie sedymentowały oraz aby rozkład ładunku indukowanego mógł być w nich podobny do dipola (muszą mieć opływowe kształty, bez większych ostrych krawędzi). Ważnym jest także przewodnictwo, które musi być, co najmniej o rząd wielkości większe niż olejów, jednak nie tak duże jak materiały przewodzące. W modelowym układzie użyto mikro- cząstek gliny o wielkościach 20-50 μm.

1.6. Metody otrzymania odpowiednich miko – cząstek

Odpowiednie mikrocząstki jest bardzo trudno uzyskać. Ważnym zadaniem oprócz otrzymania cząstek, które przyczynią się do powstania Efektu Źrenicy jest sprawdzenie wpływu jak małe zamiany właściwości elektrycznych (np. przewodnictwa) wpływają na powstawanie lub deformacje wspomnianego zjawiska. Najlepiej jest zatem modyfikować w kontrolowany sposób gotową już matrycę. W naszym przypadku będzie nią polistyren (poliwinylobenzen lub w skrócie PS) w kształcie mikro- kulek [Rysunek 6]. Po pierwsze kształtem doskonale wpasowuje się w wymagane żądanie i jest doskonałym elektro- izolatorem. Po drugie znane są metody jego modyfikacji. Oprócz tego jest łatwo dostępny i stosunkowo tani. Istotnym jest, że ma odpowiednie właściwości chemiczne (nierozpuszczalny w wodzie, roztworach zasad, olejach) oraz mechaniczne (miękki, nie rozpada się). Powstaje na drodze polimeryzacji benzenu i etylenu i późniejszego odwodnienia powstałego polimeru lub polimeryzacji styrenu.

Istnieją dwa rodzaje PS: usieciowany i nieusieciowany, różniące się budową chemiczną i właściwościami fizykochemicznymi. Dziś wykorzystywany jest do produkcji szeroko stosowanych tworzyw sztucznych i kompozytów [4].

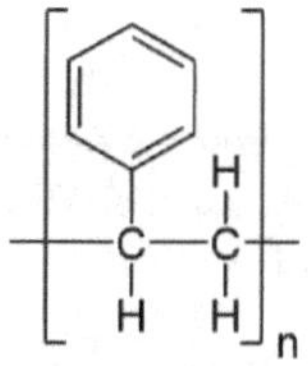

Rysunek 6. Wzór strukturalny polistyrenu.

2.3.1 Metody chemiczne modyfikacji polistyrenu

Metody chemiczne polegają na zmianie składu polimeru (najczęściej poprzez reakcję addycji, substytucji grupy lub grup funkcyjnych) lub zmianie wiązań występujących w merze (wszystkich lub niektórych, reakcja przegrupowania). W zależności od rodzaju i specyfiki reakcji można zwiększyć przewodnictwo polistyrenu.

W naszym przypadku zostanie wykorzystana reakcja wymiany kwasowej z użyciem jako reagenta kwasu siarkowego. Reakcja przebiega w roztworze kwasu w wyższej temperaturze. Jest przykładem substytucji elektrofilowej (Rysunek 7). Przyłączenie grupy sulfonowej zachodzi w pozycji para pierścienia aromatycznego [5].

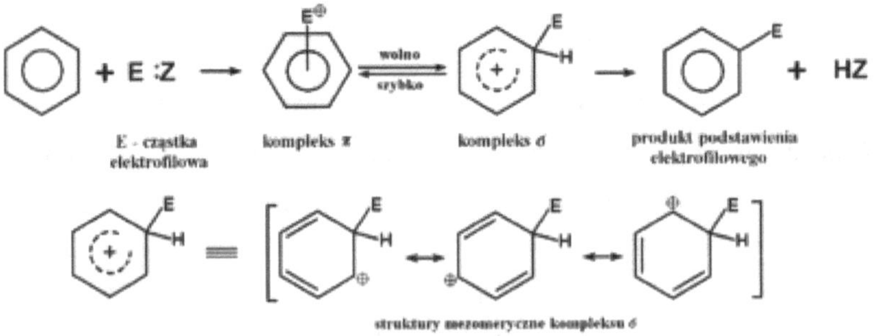

Rysunek 7. Mechanizm reakcji substytucji elektrofilowej w pierścieniu aromatycznym [6].

Na początku atakowana jest pierwsza warstwa polistyrenu. Gdy zostanie już ona zmodyfikowana, pęcznieje dając dostęp do warstwy kolejnej. Wtedy następuje jej sulfonowanie. W zależności od czasu, temperatury, stężenia kwasu itp. kulki pęcznieją coraz bardziej (Rysunek 8), zwiększając swe przewodnictwo.

Podczas reakcji produktem ubocznym jest woda, która obniża stężenie kwasu. Ponadto otrzymany produkt jest mniej stabilny od wyjściowych substratów i po dłuższym czasie, w zależności od warunków rozkłada się w wodzie z wytworzeniem kwasów sulfonowych.

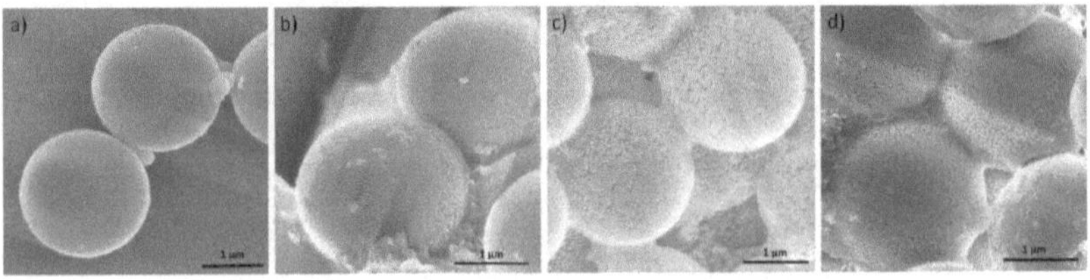

Rysunek 8. Wygląd sulfonowanych mikro-kulek widzianych pod mikroskopem SEM, po czasie reakcji:0 h, 2 h, 8 h i 48 h, rysunki odpowiednio **(a-b)** [7]

1.7. Metody fizyczne modyfikacji polistyrenu

Polegają one na zmianie struktury lub powierzchni polimeru. Wśród najpopularniejszych metod są: zmieszanie polimeru z modyfikatorami (powstają w ten sposób kompozyty), tworzenie kompleksów polimerowych, zmiana stopnia zdyspergowania czy modyfikację powierzchni. W pracy zostaną wykorzystane dwa: modyfikacja powierzchniowa i zmieszanie polimeru z modyfikatorami [6].

1.8. Modyfikacja powierzchniowa

Jedną z metod modyfikacji powierzchniowej jest wykorzystana podczas badań adsorpcja fizyczna. Polega ona na tworzeniu oddziaływań van der Waalsa pomiędzy adsorbatem a powierzchnią adsorbentu (w naszym przypadku polistyrenu) (Rysunek 9). Energie wiązań pomiędzy nimi są niższe niż w przypadku adsorpcji chemicznej adsorpcji. W wyniku tego połącznia takie są mniej trwałe.

Rysunek 9. Zaadsorbowane na powierzchni adsorbentu adsorbaty [9].

W pracy jako adsorbant wykorzystano polipirol (Rysunek 10) [10] ze względu na dobre przewodnictwo. Jest on popularnym polimerem wykorzystywanym w przemyśle i technologii. Grafen może znaleźć zastosowanie w elektronice np. przy produkcji baterii czy kondensatorów, ale również w produkcji nowoczesnych urządzeń komórkowych czy silników.

Istnieją trzy metody otrzymywania polipirolu: chemiczna, fotochemiczna i elektrochemiczna. Do fizycznej adsorpcji na powierzchni polistyrenu użyto syntezy polipirolu z pirolu metodą chemicznej polimeryzacji. Polegała ona na delikatnym utlenianiu monomeru utleniaczem, jakim był chlorek żelaza (III). Do naczynia reakcyjnego dodawany jest oprócz pirolu i FeCl3 polistyren w postaci mikro- kulek. Po zakończeniu reakcji otrzymywany jest produkt o kolorze od brązowego do czarnego (wiele warstw adsorpcyjnych) w zależności od stężenia pirolu i czasu prowadzenia reakcji.

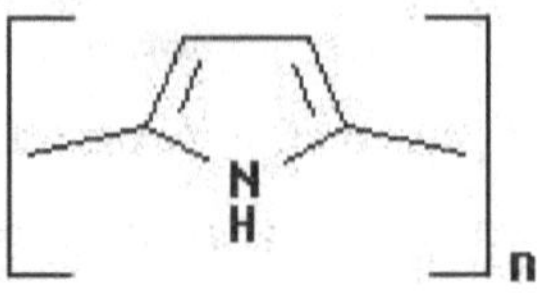

Rysunek 10. Wzór strukturalny polipirolu.

1.9. Modyfikacja poprzez dodanie modyfikatorów

Modyfikatory można dodawać do polimeru na wiele sposobów. W pracy wykorzystam jeden z nich- interkalację (Rysunek 11) [11]. Polega ona na uwięzieniu w strukturze wielkocząsteczkowej (np. w graficie, DNA, niektórych polimerach) związków o dużo mniejszej masie cząsteczkowej. Często towarzyszy temu powstanie nowych, słabszych niż w pierwotnej strukturze wiązań (interkalacja chemiczna). Wypełniane są w ten sposób wolne przestrzenie pomiędzy warstwami atomów. Proces interkalacji wykorzystywany jest w wielu dziedzinach nauki i przemysłu np. w genetyce czy energetyce.

Rysunek 11. Przykład interkalacji pomiędzy wolnymi przestrzeniami między cząsteczkowymi [12].

Podczas syntezy wykorzystano ciekawą właściwość polistyrenu. Jest nią mianowicie zdolność do pęcznienia w niektórych rozpuszczalnikach. Jest to możliwe tylko w przypadku usieciowanego polimeru. Rozpuszczalnikiem potrzebnym do tego może być tetrahydrofuran (THF). Z kolei, żeby zamknąć strukturę należy przemyć polimer wodą.

Jako interkalaty posłużyły substancje, które przewodzą prąd elektryczny jak: TCNQ, grafen, perylen. TCNQ (tetracyjano- chinometan) to organiczny związek o wysokim przewodnictwie, które zawdzięcza przejściom CT (charge transfer). Znajduje zastosowanie głównie w syntezie organicznej. Grafen (Rysunek 12) jest strukturą zbudowaną z atomów węgla, ułożonych w jednej płaszczyźnie. Wykazuje wyjątkowe właściwości jak np. ogromne (jak na substancję organiczną) przewodnictwo elektryczne czy elastyczność. Perylen to substancja organiczna o znacznie niższym przewodnictwie jak dwie wskazane powyżej. Zawdzięcza je dzięki systemowi wiązań podwójnych podzielonych wiązaniami pojedynczymi, co umożliwia ruch elektronów wewnątrz cząsteczki. Wszystkie te substancje teoretycznie powinny zmienić właściwości elektryczne polistyrenu (np. zwiększyć przewodnictwo czy stałą dielektryczną) po ich interkalacji do polimeru.

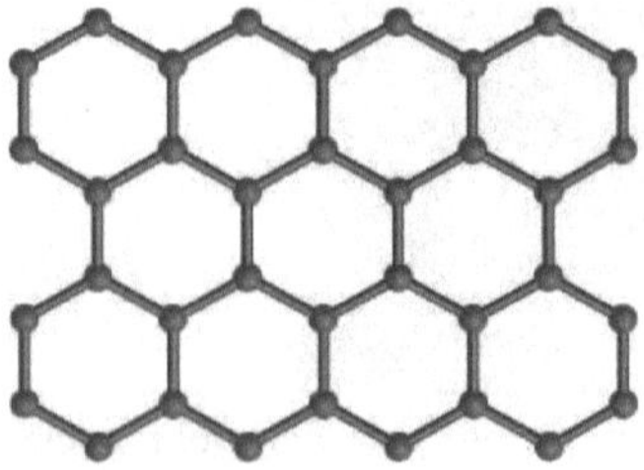

Rysunek 12. Model budowy płaszczyzny grafenowej [13]

1.10. Metody badawcze.

Aby zbadać właściwości elektryczne mikro- kulek po reakcji sprawdzono najpierw ich zachowanie w układzie pomiarowym opisanym w punkcie 2.2. Jeśli ich przewodnictwo będzie zbyt wysokie to na kropl oleju silikonowego pojawią się przy niższych polach elektrycznych (100-200 V/mm) łańcuchy równolegle ułożone do sił pola, które będą zachowywać się jak „druty" przewodzące prąd. Przy wysokich przewodnościach mogą zacząć łączyć się nawet poza kroplą oleju i tworzyć łańcuchy, które będą łączyć jedną elektrodę z drugą powodując zwarcie. Gdy modyfikacja będzie niewystarczająca, nie będzie obserwowało się żadnych większych struktur stworzonych z cząsteczek koloidalnych. Następnie należy zbadać za pomocą dostępnych urządzeń do badania właściwości elektrycznych. W badaniach wykorzystano pomiary elektroreologiczne, badanie potencjału zeta oraz przewodnictwa elektrycznego.

2. Opis metod i pierwsze wyniki

2.1. Sulfonowane mikro- kulki polistyrenowe

Aby zwiększyć przewodnictwo polistyrenu, zastosowano jedną z metod umożliwiających sulfonowanie. Jest to proces, w wyniku którego do hydrofobowej powierzchni przyłączają się hydrofilowe grupy -SO_3^- H^+. Siarka łączy się bezpośrednio z atomami węgla w pierścieniach benzenowych. Ze względu na rozseparowany wewnętrzny ładunek prostej grupy sulfonowej, kulki winny przewodzić lepiej prąd elektryczny, a tym samym mieć zwiększone przewodnictwo i przenikalność dielektryczną. Wzory strukturalne kwasu siarkowego (VI), polistyrenu oraz sulfonowanego polistyrenu przedstawiono na Rysunek 13.

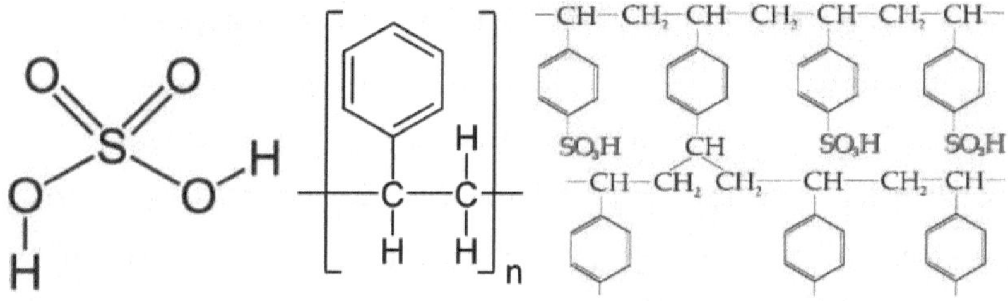

Rysunek 13. Wzory strukturalne kwasu siarkowego (VI), polistyrenu oraz sulfonowanego polistyrenu [14].

Modyfikacja przez sulfonowanie polegała na kąpieli nieusieciowanych mikro- kulek polistyrenowych o średnicach kolejno 10, 40 oraz 140 mikrometrów (Microbeads, TS 10,40 i 140) [Rysunek 14] w stężonym kwasie siarkowym, którego użyto w nadmiarze, aby mieć pewność, że w czasie prowadzenia reakcji go nie zabraknie. Proces trwał 12 godzin, tak by mieć pewność, że powierzchnia i przypowierzchniowe warstwy zostały zsulfonowane. Po tym czasie odwirowano kwas siarkowy oraz trzykrotnie przemyto otrzymany produkt wodą. Kulki suszono w piecu w temperaturze 75°C przez 30 minut. Następnie mikro- kulki zmieszano z olejem silikonowym o lepkości 50 cSt i dobrze wymieszano. Aby pozbyć się agregatów na pięć minut preparat umieszczono w myjce ultradźwiękowej.

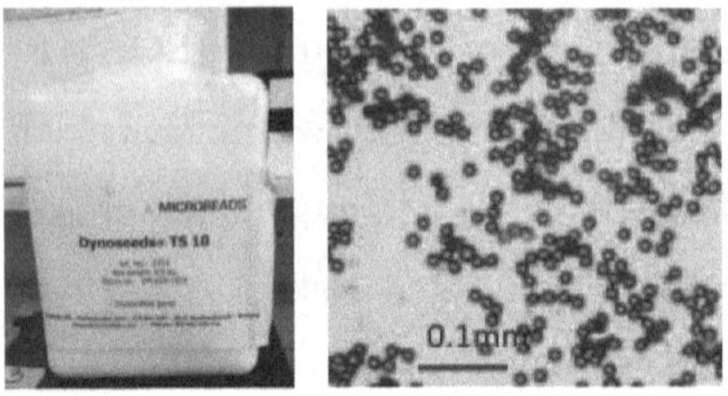

Rysunek 14 Nieusieciowane mikro - kulki o średnicy 10 mikrometrów (Dynoseeds 10) używane do sulfonowania zostały zakupione w firmie Microbeads (lewy panel). Zdjęcie mikroskopowe kulek zmodyfikowanych w procesie sulfonowania (prawy panel).

Po umieszczeniu w układzie [Rysunek 15] przy niskich napięciach (1–3 kV) i wysokiej częstości (100Hz) kulki przechodzą najpierw z wnętrza kropli oleju na granicę faz dwóch cieczy, następnie zaczynają formować się na kształt pierścienia, ustawionego równolegle do linii pola elektrycznego [Rysunek 16]. Natomiast przy mniejszej częstości (0,1Hz) i stosunkowo wysokich napięciach (4–10 kV) kulki zaczęły polaryzować [Rysunek 17]. Konsekwencją było wędrowanie kulek do dwóch elektrod (bez formowania łańcucha). Kulki bardziej ujemnie naładowane dążyły do dodatnio naładowanej elektrody, a bardziej dodatnio naładowane do elektrody naładowanej ujemnie. Niepowodzenie wynikało prawdopodobnie z obecności w strukturze rozseparowanych ładunków elektrycznych, gdyż pod wpływem silnego pola grupy sulfonowe mogły odrywać się od pierścienia benzenowego w polimerze, co powodowało dodatnie naładowanie powierzchni kulki.

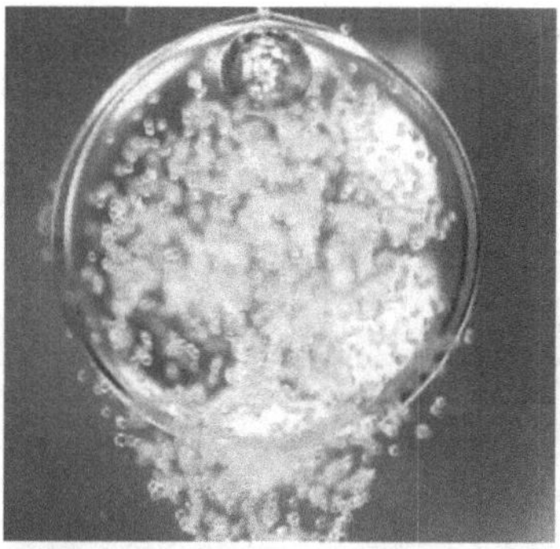

Rysunek 15. Kropla oleju silikonowego z mikro - kulkami sulfonowanymi przed rozpoczęciem procesu. Widać, że niektóre kulki ulegają sile grawitacji i opuszczają układ.

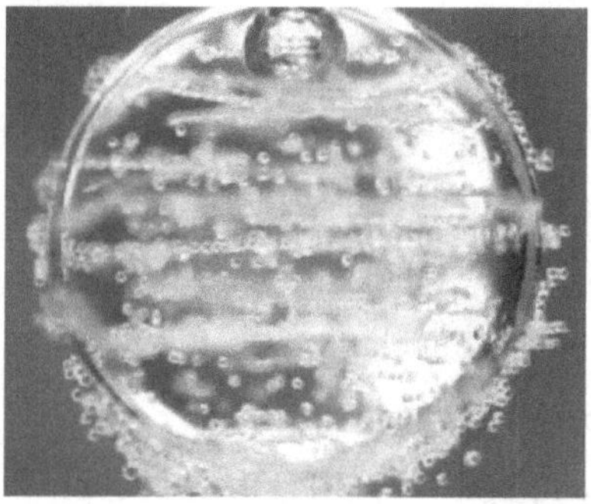

Rysunek 16. Pod wpływem zmiennego pola (100Hz) tworzą się łańcuchy z kulek równoległe z liniami sił pola elektrycznego.

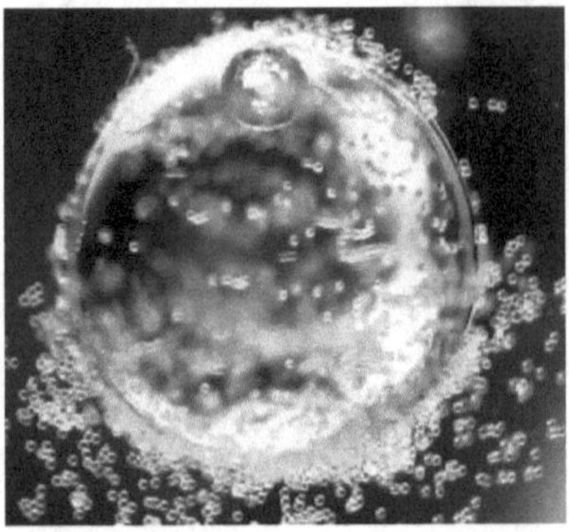

Rysunek 17. Pod wpływem stałego pola (0,1Hz) kulki bezładnie uciekają w kierunku elektrod.

2.2. Mikro - kulki pokryte polipirolem

Powszechnie znanym polimerem przewodzącym jest polipirol [Rysunek 18] (przewodnictwo = 100 S/cm). Warto więc było wykorzystać go do stworzenia filmu na mikro- kulkach polistyrenowych, w celu zwiększenia ich przewodności i stałej dielektrycznej. Film taki utrzymywany jest na powierzchni poprzez adsorpcję fizyczną. Mechanizm przewodzenia polipirolu jest skomplikowany. Prawdopodobnie, gdy polimer jest domieszkowany, w wyniku tego w polimerze tworzą się polarony i bipolarony i one są odpowiedzialne za przewodnictwo.

Istnieje wiele metod polimeryzacji pirolu na nośnikach. W pracy wybrano tak zwaną metodę chemiczną [Rysunek 20] Na początku sporządza się dwa roztwory. Pierwszy przygotowuje się rozpuszczając 30 mikrolitrów czystego pirolu w 2 ml wody, a drugi rozpuszczając 30 mg bezwodnego chlorku żelaza (III) w wodzie, dodatkowo dosypując do niego około 30 mg nieusieciowanych kulek polistyrenowych

Rysunek 20] o średnicy 40 mikrometrów (Microbeads, TS 40).

Kolejnym etapem jest zmieszanie tak przygotowanych roztworów. Barwa zaczyna zmieniać się z jasnobrązowej na czarną. W zależności od stopnia pokrycia możemy kontrolować czas reakcji od 15 minut do kilku godzin. Produktem reakcji są kulki z czarną, nieregularną otoczką przewodzącego polimeru [Rysunek 22].

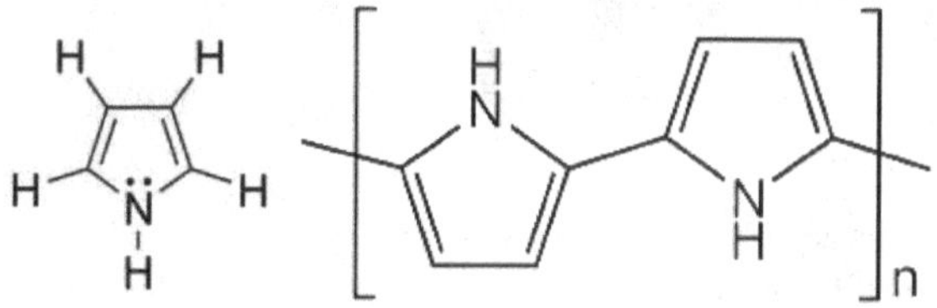

Rysunek 18. Wzory strukturalne pirolu (lewy panel) oraz polipirolu (prawy panel).

$$\mathbf{nPy + nFeCl_3 \rightarrow (Py)n + nFeCl_2 + HCl}$$

Rysunek 19. Mechanizm utleniania pirolu.

Rysunek 20. Struktura nieusieciowanego (lewy panel) i usieciowanego (prawy panel) polistyrenu.

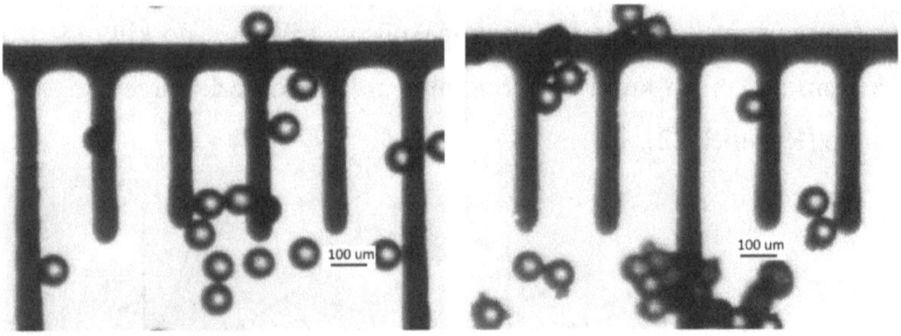

Rysunek 21. Na zdjęciu widoczne są kulki polistyrenowe o średnicy 40 mikrometrów przed modyfikacją i po modyfikacji polipirolem. Widoczne na nim są skupiska polipirolu zaadsorbowanego na powierzchni niektórych kulek.

Przy niskich napięciach (1-3 kV) i niskiej częstości (0,1 Hz) kulki zaczęły przechodzić z głębi oleju silikonowego na granicę faz i formować się na kształt pierścienia, ustawionego równolegle do linii pola. Kiedy zwiększono częstość do 100 Hz, a napięcie do kilku volt (4- 10 kV) kulki zaczęły opuszczać granicę faz dwóch kropli i tworzyć długie łańcuchy nie na powierzchni kropli, ale już w całej objętości oleju rycynowego [Rysunek 22]. Były one równoległe do linii sił pola. Spowodowane to było zbyt dużą przewodnością polipirolu, przez którą kulki polistyrenowe zachowywały się jak cząstki metaliczne.

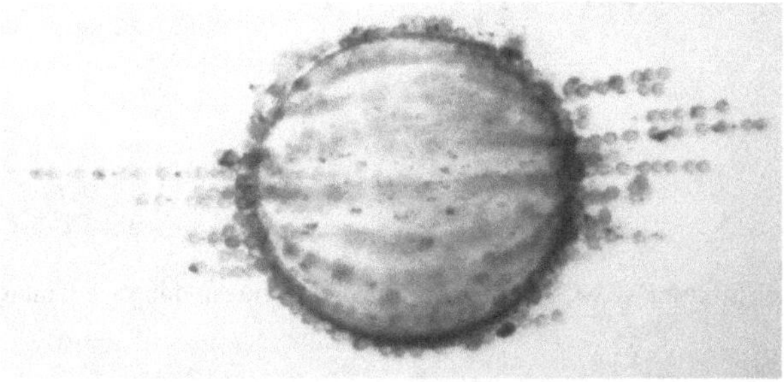

Rysunek 22. Widok układu po przyłożeniu stałego pola i stosunkowo wysokich napięć (4-10KV).

2.3. Mikro - kulki z TCNQ.

Aby zmniejszyć przewodnictwo kulek zastosowano związek o mniejszej przewodności. TCNQ, czyli tetracyjanochinodimetan [Rysunek 23] [16] ma niższą przewodność niż polipirol, ale największą ze wszystkich niepolimerowych związków organicznych. Aby związać tę substancję z polistyrenem należało stworzyć ku temu odpowiednie warunki. Najlepszą metodą jest „uwięzienie" jego cząsteczek w kulce. Aby to wykonać należy użyć usieciowanego polistyrenu, który pod wpływem niektórych rozpuszczalników pęcznieje, a nie jak w przypadku nieusieciowanego polimeru rozpuszcza się. Na pęcznienie wpływa temperatura (im wyższa, tym szybciej pęcznieje), wielkość polimerowych kulek, rodzaj rozpuszczalnika oraz mieszanie. W spęczniały polimer wchodzą rozpuszczone wcześniej w rozpuszczalniku cząsteczki TCNQ. Aby trwale uwięzić je w strukturze do układu należy dodać wodę w nadmiarze (ważne jest, aby rozpuszczalnik mieszał się z wodą). Wtedy następuje zamknięcie kulek polistyrenowych.

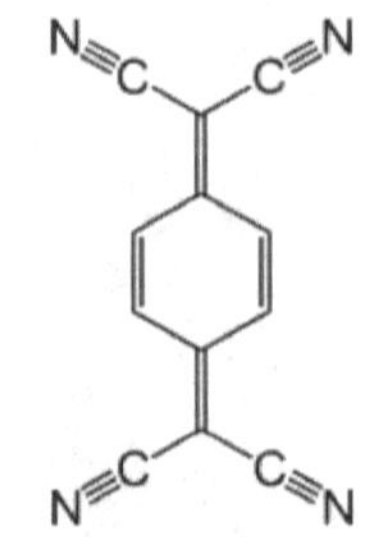

Rysunek 23. Struktura TCNQ. Układy sprzężonych wiązań odpowiedzialne są za przewodnictwo.

Aby zsyntetyzować mikro- kulki polistyrenowe należy znaleźć odpowiedni rozpuszczalnik, który będzie powodował pęcznienie kulek a zarazem miesza się dobrze z wodą i rozpuszcza związki, którymi chcemy zmodyfikować preparat. Do tych celów najlepiej nadaje się THF oraz toluen. Tetrafydrofuran gdyż daje dobre wyniki a poza tym jest mniej szkodliwy niż toluen.

W jednym mililitrze tetrahydrofuranu rozpuszczono 10 mg TCNQ, a następnie przygotowano serię roztworów o stężeniu 10 i 100 krotnie mniejszym (aby mieć porównanie jak koncentracja wpływa na zachowanie układu). Dodano 30 mg usieciowanych mikro - kulek polistyrenowych o średnicy 10 mikrometrów(CS-10). Po 10 minutach dodano dwa mililitry wody w celu zamknięcia mikro- kulek. Odwirowano wodę z THF-em, a produkt przemyto trzy razy alkoholem etylowym (polistyren nie rozpuszcza się w etanolu).

Przy niskich napięciach (1-3 kV) i niskiej częstości (0,1 Hz) kulki zaczęły przechodzić z głębi oleju silikonowego na granicę faz. Kiedy zwiększono napięcie do kilku kilovolt (4- 10 kV) kulki zaczęły opuszczać granicę faz pomiędzy dwiema kroplami i kierować się do elektrod [Rysunek 24]. Nie zaobserwowano efektu tworzenia łańcucha, co świadczy o ich zbyt niskim przewodnictwie.

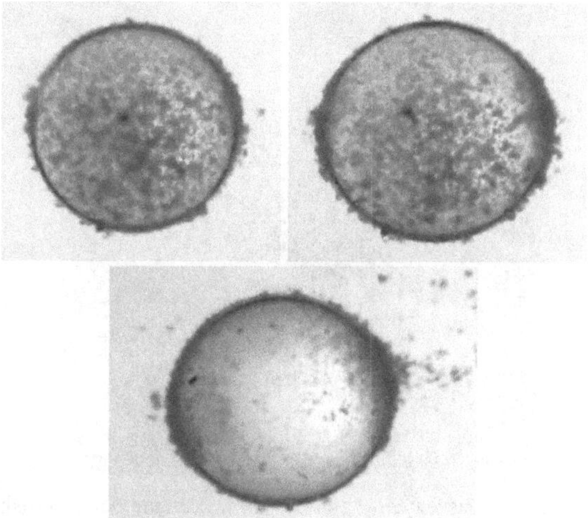

Rysunek 24. Układ w stanie początkowym (lewy panel), w warunkach zmiennego pola przy niskim natężeniu pola 1-3kV (środkowy panel) i wysokim natężeniu pola elektrycznego 4-10kV (prawy panel). Częstotliwość pola elektrycznego 0,1 Hz.

2.4. Mikro- kulki z grafenem

Aby znów poprawić przewodnictwo zastosowano ponownie metodę wykorzystującą pęcznienie polimerów w odpowiednich rozpuszczalnikach. Tym razem, aby poprawić przewodnictwo do modyfikacji polistyrenowych kulek użyto grafenu. Grafen to jedna z odmian alotropowych węgla [17]. Jego struktura jest dwuwymiarowa i składa się z szeregu połączonych ze sobą atomów tworzących sześciokąty. Jako produkt dostępny jest często w formie nano- płaszczyzn [Rysunek 25]. Jest ponad 100 razy twardszy od stali, a przy tym o wiele bardziej elastyczny. To dobry przewodnik ciepła. Posiada niski opór właściwy oraz jest substancją, która pochłania minimalnie światło, co czyni go materiałem czarnym. Rozpuszcza się dobrze w rozpuszczalnikach organicznych m.in. w tetrahydrofuranie.

Rysunek 25. Zdjęcie płaszczyzn grafenowych wykonane pod mikroskopem TEM.

W celu otrzymania mikro - kulek zmodyfikowanych grafenem rozpuszczono 2 mg grafenu w tetrahydrofuranie. Kolejno dodano do roztworu 30 mg usieciowanych mikro- kulek polistyrenowych o średnicy 20 mikrometrów (CS-20). Po 10 minutach dodano dwa mililitry wody, w celu zamknięcia mikro- kulek. Odwirowano wodę z THF-em, a produkt przemyto trzy razy alkoholem etylowym (polistyren nie rozpuszcza się w etanolu, natomiast grafen bardzo dobrze).

Po skonstruowaniu, jak w punktach poprzednich odpowiednich warunków do celów badawczych rozpoczęto pomiary. Przy niskich napięciach (1-3 kV) i niskiej częstości (0,1 Hz) nie zaobserwowano żadnych zmian. Przy stałym polu i wysokim natężeniu pola (powyżej 0.4 kV/mm) kropla oleju silikonowego uzyskała wydłużony kształt (rozszerzyła się wzdłuż linii sił pola elektrycznego) [Rysunek 26].

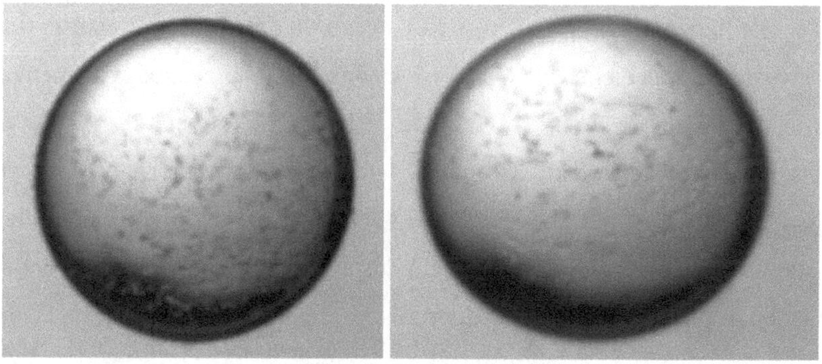

Rysunek 26. Układ przed rozpoczęciem pomiaru (lewy panel) oraz po włączeniu pola elektrycznego (prawy panel).

2.5. Mikro- kulki z perylenem

Ostatnim podejściem do syntezy kulek polistyrenowych zmodyfikowanych różnymi substancjami chemicznymi była ich modyfikacja perylenem. Perylen to aromatyczny związek zbudowany z pięciu sześcioczłonowych, skondensowanych pierścieni. Posiada małe przewodnictwo elektryczne ze względu na układ sprzężonych wiązań podwójnych [18]. Z tego powodu wybrano go do syntezy.

Mikro- kulki polistyrenowe zmodyfikowane perylenem otrzymano rozpuszczając 2,5 mg grafenu w tetrahydrofuranie. Kolejno dodano do roztworu 30 mg usieciowanych mikro- kulek polistyrenowych o średnicy 10 mikrometrów (CS-10). Po 10 minutach dodano dwa mililitry wody, w celu zamknięcia mikro- kulek. Odwirowano wodę z THF-em, a produkt przemyto trzy razy alkoholem etylowym (polistyren nie rozpuszcza się w etanolu, natomiast perylen wystarczająco dobrze). Takie mikro- kulki mają intensywny żółty kolor.

Po zaaplikowaniu kropli oleju silikonowego do układu przy częstości 0,1 Hz i wysokim polu elektrycznym (0.4-1 kV/mm) kulki przechodzą z wnętrza kropli oleju na granicę faz dwóch cieczy. Nie zaobserwowano efektu tworzenia łańcucha, co świadczy o ich zbyt niskim przewodnictwie. W stałym polu, przy wysokim napięciu dostarczonym do układu wytworzył się łańcuch z osią prostopadłą do kierunku linii pola [Rysunek 27].

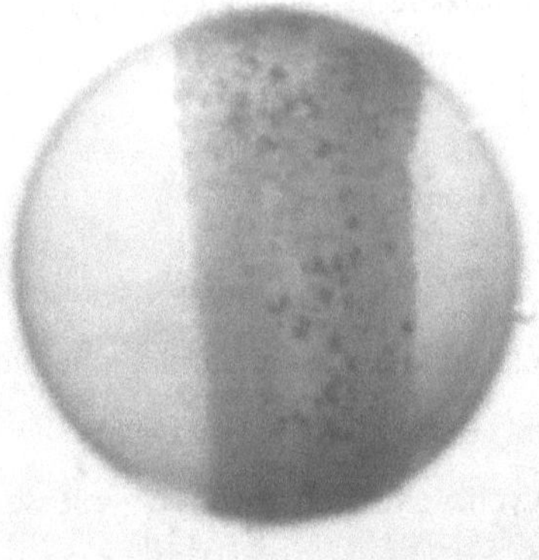

Rysunek 27. Zachowanie mikro– kulek przy polu elektrycznym równym 1 kV/mm.

2.6. Wnioski dotyczące metod

W żadnym z układów nie uzyskano zadowalających efektów. Przyczyną niepowodzeń w metodach rozpuszczalnikowych jest prawdopodobnie zbyt duże usieciowanie mikro - kulek polistyrenowych. Parametrem określającym zaawansowanie tego procesu jest stopień usieciowania. Od niego zależy wiele właściwości polimeru. Im stopień usieciowania jest niższy, tym polimer lepiej pęcznieje w rozpuszczalniku. Dla polistyrenu ukazano to w tabeli [Rysunek 28]. Niestety stopień usieciowania użytych mikro - kulek polistyrenowych wynosił 10%. Zatem jest on zbyt duży, aby w pożądany sposób je zmodyfikować.

	Water	MeOH	EtOH	CH_2Cl_2	Toluene	DMF	MeCN	THF	Dioxane	Ether	DMSO
Polystyrene 1% DVB	--	1.6	1.7	8.3	8.5	5.6	3.2	8.8	7.8	4.0	
Polystyrene 2% DVB	--	1.6	1.7	6	5.2	3.2	1.9	5.6	5.4		
TentaGel® S 0.25 – 0.3 mmol/g	3.6	3.6	2.9	6.3	4.8	4.7	4.2	5.0	5.4	1.9	3.9
TentaGel® HL 0.4 – 0.6 mmol/g	3.1	3.6	3.5	5.7	4.1	4.6	3.9	4.2	4.8	2.4	
TentaGel® macrobeads 0.25 – 0.35 mmol/g	4	5.2	3.9	4.9	6.2	6.6	5.9	6.5	6.9	2.1	
HypoGel® 400 0.6 -0.8 mmol/g	1.8	2.9	2.8	6.9	5.5	5.2	4.6	5.3	5.6	2.6	

Rysunek 28. Tabela przedstawiająca zależności stopnia usieciowania i gatunku polistyrenu od zmiany jego objętości w danym rozpuszczalniku. Wielkość 1.6 jest wartością początkową [15].

2.7. Mikro- kulki sulfonowane w zmodyfikowany sposób

Do sulfonowania zastosowano następującą procedurę chemiczną: w trzech naczyniach o pojemności 10 ml umieszczono około 500 mg nieusieciowanych mikro- kulek polistyrenowych o rozmiarach 140 mikrometrów (Microbeads, TS 140) i zalano stężonym - 98 % kwasem siarkowym, do objętości 2 mililitrów. Umieszczono je w łaźni wodnej, o temperaturze 50°C. Pierwsze naczynie pozostawiono na 2 minuty, drugie na 10 a trzecie na 16. W każdym z trzech układów pojawiły się dwie warstwy- pierwsza z czystym kwasem, a druga ze zwilżonymi kwasem mikro- kulkami. Kwas siarkowy w każdej z próbek odciągnięto pipetą. Następnie próbki rozcieńczono 1 mililitrem wody destylowanej, w celu przeprowadzenia zobojętnienia roztworu (zobojętnianie stężonego kwasu zasadami jest niebezpieczne, gdyż jest to reakcja silnie egzoenergetyczna - roztwór ogrzewa się do temperatury wrzenia i pryska). Reakcja ta zaszła ze stężonym roztworem wodorotlenku potasu, wobec uniwersalnych papierków lakmusowych jako wskaźników pH. Potem mieszaniny przelano do probówek Eppendorfa i odwirowano roztwór. Następnie każdą próbką przemyto trzykrotnie wodą. Suszenie trwało 30 minut w temperaturze 75°C. Zasadniczą zmianą w procedurze sulfonowania był czas i warunki prowadzenia reakcji oraz sposób przemywania zmodyfikowanych mikro-kulek.

2.8. Mikro- kulki sulfonowane 2 minuty

Osuszone mikro - kulki w ilości 10 mg zalano olejem rycynowym (200 mikrolitrów), aby zbadać ich zachowanie w układzie pomiarowym. Zaaplikowano 10 mikrolitrów mieszaniny. Pomiary prowadzono przy częstotliwości 0,1 Hz. Przy polu elektrycznym równym 0.1 kV/mm nie zaobserwowano znaczących zmian. Natomiast, gdy pole zwiększyło się czterokrotnie mikro- -kulki zaczęły delikatnie krążyć. Gdy pole wzrosło do 0.8 kV/mm mikrocząstki zaczęły tworzyć powoli lokalne łańcuchy [Rysunek 29].

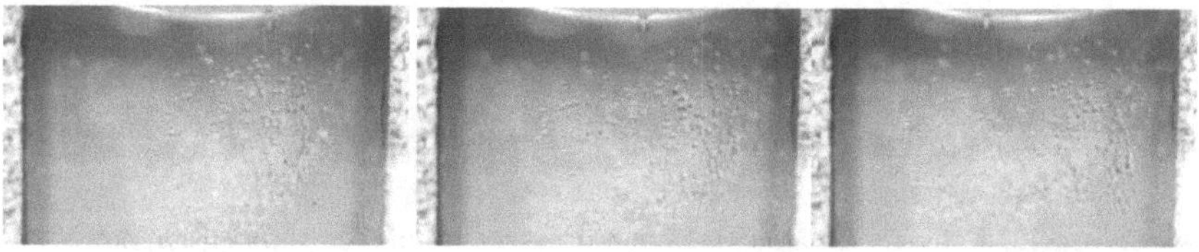

Rysunek 29. Zmodyfikowane (sulfonowane przez 2 min) cząstki polistyrenowe zanurzone w oleju silikonowym. Pole elektryczne o natężeniu 0, 0.4 oraz 0.8 kV/mm, kolejno od lewej do prawej.

Można stwierdzić, że nawet w tak krótkim czasie możliwe jest zmodyfikowanie mikro- kulek polistyrenowych tak, aby stały się bardziej przewodzące. Przewodnictwo ich jest widoczne w bardzo silnym polu elektrycznym.

2.9. Mikro- kulki sulfonowane 10 minut

Ze zmodyfikowanymi mikro - kulkami postąpiono podobnie jak w poprzednim paragrafie. Przy polu elektrycznym równym 0.1 kV/mm mikro- kulki zaczęły delikatnie krążyć. Już przy 0.4 kV/mm mikro- kulki łączą się tworząc małe, lokalne łańcuchy. Gdy pole wzrosło do 0.8 kV/mm mikrocząstki wyraźnie „odnajdują się" i tworzą wyraźne, duże łańcuchy. Można wnioskować, że wydłużenie czasu sulfonowania mocno przyczyniło się do wzrostu przewodnictwa próbki oraz zmiany innych parametrów elektrochemicznych. Mikro- kulki już w dwukrotnie niższym polu elektrycznym zaczynają tworzyć łańcuchy, a gdy pole jest jeszcze dwa razy większe, bez problemu wykazują znacznie wyższe przewodnictwo niż w poprzednim układzie [Rysunek 30].

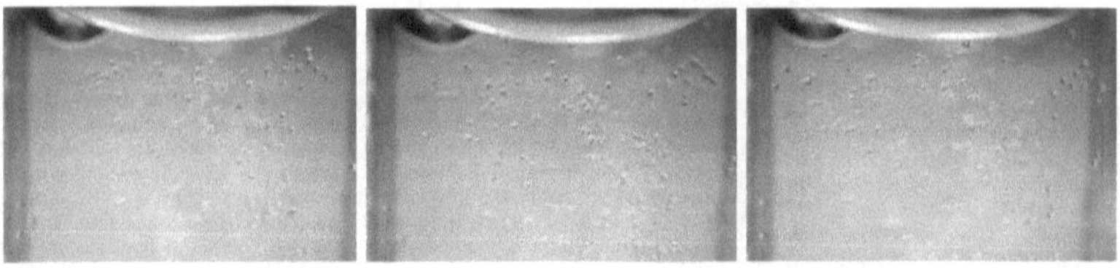

Rysunek 30. Zmodyfikowane (sulfonowane przez 10 min) cząstki polistyrenowe zanurzone w oleju silikonowym. Pole elektryczne o natężeniu 0, 0.4 oraz 0.8 kV/mm, kolejno od lewej do prawej.

2.10. Mikro- kulki sulfonowane 16 minut

Ze zmodyfikowanymi mikro- kulkami postąpiono podobnie jak w poprzednich paragrafach. Przy polu elektrycznym równym 0.1 kV/mm mikro- kulki już zaczęły tworzyć okalne łańcuchy. Kiedy pole elektryczne osiągnęło wartość 0.4 kV/mm mikro- cząstki grupują się błyskawicznie w wyżej wymienioną formę. Przy 0.8 kV/mm mikro-cząstki już są uformowane w łańcuchy równoległe do linii sił pola, sięgają one od jednej elektrody do drugiej. „Dziury" w łańcuchach są szybko uzupełniane. Przedłużenie czasu sulfonowania do 16 minut jeszcze bardziej przyczyniło się do wzrostu przewodności próbki oraz zmiany innych parametrów elektrochemicznych. Mikro - kulki już w niskim polu elektrycznym zaczynają tworzyć łańcuchy, a gdy pole jest jeszcze cztery razy większe, kinetyka procesu jest błyskawiczna [Rysunek 31].

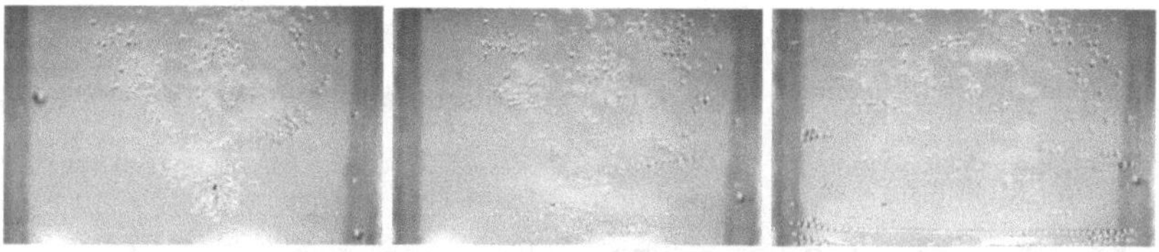

Rysunek 31. Zmodyfikowane (sulfonowane przez 10 min) cząstki polistyrenowe zanurzone w oleju silikonowym. Pole elektryczne o natężeniu 0, 0.4 oraz 0.8 kV/mm, kolejno od lewej do prawej.

2.11. Wpływ stężenia kwasu na reakcje sulfonowania mikro-kulek PS

Aby wpłynąć na proces modyfikacji chemicznej mikrocząstek wykonanych z polistyrenu, można, jak się okazuje, nie tylko zmieniać czas reakcji sulfonowania, ale też stężenie kwasu. Chcąc wstępnie zbadać tę zależność przygotowano roztwory o stężeniu procentowym równym: 20, 40, 60, 80 i 98 %. Do reakcji użyto 5 gramów nieusieciowanych mikro - kulek Polistyrenowych o wielkości 140 mikrometrów (Microbeads, TS 140). Umieszczono je w pięciu fiolkach o pojemności 20 ml i każdą zalano 5 ml kwasu siarkowego o odpowiednim stężeniu. Pojemniki ustawiono w łaźni wodnej o temperaturze 50°C i pozostawiono na 16 minut. Po reakcji kwas siarkowy w każdej z próbek odciągnięto pipetą. Następnie próbki rozcieńczono 2 mililitrami wody destylowanej, w celu przeprowadzenia zobojętnienia roztworu. Zobojętniania dokonano przy użyciu stężonego roztworu wodorotlenku potasu, wobec uniwersalnych papierków lakmusowych jako wskaźników pH. Potem mieszaniny umieszczono w lejku filtracyjnym podłączonym do próżniowej pompki wodnej. Następnie każdą próbką przemyto kilkukrotnie wodą. Suszenie trwało 24 godziny w temperaturze 75°C. Osuszone mikro- kulki w ilości 10 mg zalano olejem rycynowym (300 mikrolitrów), aby zbadać ich zachowanie w układzie pomiarowym. Aby nie były zagregowane, mieszaninę umieszczono w płuczce ultradźwiękowej na 20 minut. Zaaplikowano 10 mikrolitrów każdej z mieszanin.

2.12. Modyfikacja kwasem 20 procentowym

Najpierw pomiary prowadzono przy częstotliwości 100 Hz. Pole elektryczne zmieniano w zakresie od 0.1 do 1 kV/mm. Jednak nie zaobserwowano żadnych znaczących zmian. Pomiary prowadzono również przy częstotliwości 0.1 Hz w takim samym zakresie pola, ale także nic znaczącego nie zaobserwowano. Pojawiły się tylko burzliwe ruchy cieczy [Rysunek 32]. Kwas siarkowy o stężeniu 20% jest zatem za słaby, aby spowodować modyfikację chemiczną polistyrenu.

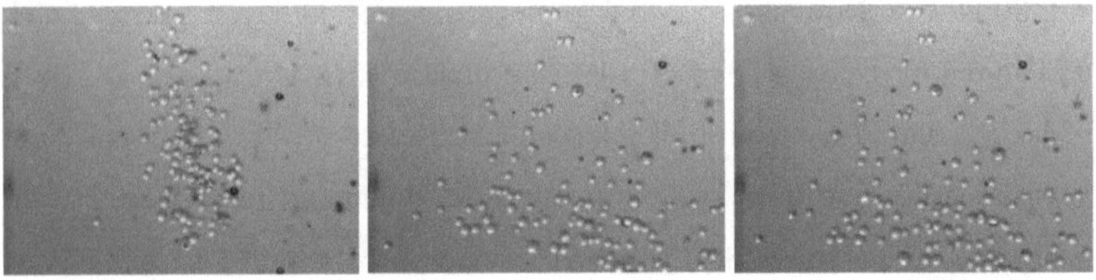

Rysunek 32. Zmodyfikowane (kwasem 20%) cząstki polistyrenowe zanurzone w oleju silikonowym, bez pola elektrycznego (lewy panel), oraz z polem elektrycznym o natężeniu 1kV/mm i częstościach 0.1 Hz (środkowy) oraz 100 Hz (prawy panel).

2.13. Modyfikacja kwasem 40 procentowym

Na początku pomiary prowadzono przy częstotliwości 100 Hz. Pole elektryczne zmieniano w zakresie od 0.1 do 1 kV/mm. Jednak nie zaobserwowano żadnych znaczących zmian. Pomiary prowadzono również przy częstotliwości 0.1 Hz w takim samym zakresie pola, natomiast w przeciwieństwie do poprzednich warunków prowadzenia eksperymentu, przy wartości pola elektrycznego równej 0.5 kV/mm zaczęły się powoli tworzyć małe, lokalne łańcuchy. Gdy wartość podwyższono do 0.6 kV/mm zaczęły powstawać wyraźne formy łańcuchowe mikro- kulek, znacznie szybciej niż przy poprzedniej wartości pola. W wyższym polu elektrycznym powstają typowe formy łańcuchowe. Kwas siarkowy o stężeniu 40% w tym samym czasie zmodyfikował znacznie lepiej kulki polistyrenowe niż kwas siarkowy o dwa razy niższym stężeniu. Widać, że mikrocząsteczki stały się wyraźnie bardziej przewodzące i oddziałują z polem elektrycznym [Rysunek 33].

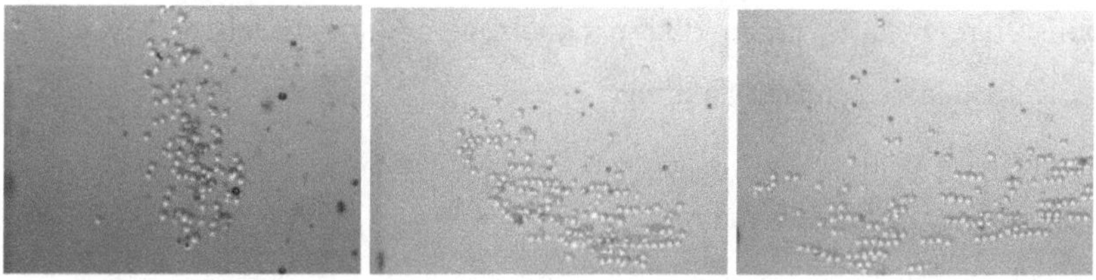

Rysunek 33. Zmodyfikowane (kwasem 40%) cząstki polistyrenowe zanurzone w oleju silikonowym, bez pola elektrycznego (lewy panel), oraz z polem elektrycznym o częstotliwości 0.1Hz oraz natężeniu 0.5kV/mm (środkowy panel) i 1 kV/mm (prawy panel).

2.14. Modyfikacja kwasem 60 i 80 procentowym

Początkowo pomiary prowadzono przy częstotliwości 100 Hz. Pole elektryczne zmieniano w zakresie od 0.1 do 1 kV/mm. Jednak nie zaobserwowano żadnych znaczących zmian. Przy częstotliwości 0.1Hz w takim samym zakresie pola przy wartości pola elektrycznego równej 0.4 kV/mm (a więc o 0.1kV/mm mniejszej niż w poprzednim przypadku) zaczęły bardzo powoli tworzyć się małe, lokalne łańcuchy. Gdy wartość podwyższono do 0.5 kV/mm mikro - kulki grupują się już wyraźniej. Kwas siarkowy o stężeniu 60% w tym samym czasie zmodyfikował lepiej kulki polistyrenowe niż 40% kwas siarkowy.

Cząstki zmodyfikowane kwasem o stężeniu 80% wykazywały jeszcze silniejsze właściwości elektryczne. Już przy wartości pola elektrycznego równej 0.3 kV/mm zaczęły tworzyć się wyraźne łańcuchy, które przy wyższych wartościach pola gwałtownie się porządkowały.

3. Dokładne badanie wpływu parametrów reakcji sulfonowania na właściwości mikro- kulek

Aby dokładnie zbadać właściwości i możliwości modyfikacji mikrokulek polistyrenowych wybrano kilka parametrów, od których ich zachowanie w układzie będzie zależne. Są nimi:

- stężenie kwasu
- temperatura prowadzenia reakcji
- wielkość mikro- kulek
- czas prowadzenia reakcji
- wpływ koncentracji mikro - kulek w układzie

Dlatego postanowiono usystematyzować prowadzenie badań i aby poznać jak jeden parametr układu wpływa na mikro - kulki PS reszta parametrów pozostała bez zmian. Dane próbki zostaną przebadane elektroreologicznie oraz zostanie zmierzony ich potencjał zeta w celu poznania ich właściwości elektrochemicznych.

3.1. Wpływ stężenia kwasu na reakcję sulfonowania

Chcąc zbadać tę zależność przygotowano roztwory o stężeniu procentowym równym: 20, 40, 50, 60, 70, 80, 85, 90, 95 i 98 %. Do reakcji użyto 5 gramów nieusieciowanych mikro- kulek polistyrenowych o wielkości 40 mikrometrów (Microbeads, TS 140). Umieszczono je w pięciu fiolkach o pojemności 20 ml i każdą zalano 5 ml kwasu siarkowego o odpowiednim stężeniu. Pojemniki ustawiono w łaźni wodnej o temperaturze 50°C i pozostawiono na 16 minut. Po reakcji kwas siarkowy w każdej z próbek odciągnięto pipetą. Następnie próbki rozcieńczono 2 mililitrami wody destylowanej, w celu przeprowadzenia zobojętnienia roztworu. Zobojętniania dokonano przy użyciu stężonego roztworu wodorotlenku potasu wobec uniwersalnych papierków lakmusowych jako wskaźników pH. Potem mieszaniny umieszczono w lejku filtracyjnym podłączonym do próżniowej pompki wodnej. Następnie każdą próbką przemyto kilkukrotnie wodą. Suszenie trwało 24 godziny w temperaturze 75°C. Otrzymane próbki miały kolor od białych (reakcja z 20% kwasem) do blado różowych (reakcja z 98% kwasem) [Rysunek 34]. Im wyższe było stężenie kwasu tym również widoczne były silniejsze oddziaływania pomiędzy mikro- kulkami – miały większą tendencję do sklejania się. Również chętniej oddziaływały z wodą - tworzyły nawet mętną zawiesinę, która w wypadku niemodyfikowanych mikrocząstek nie tworzyła się.

Rysunek 34. Różnica kolorów pomiędzy próbką o stężeniu kwasu 80 a 70 %.

3.2. Wpływ czasu na reakcję sulfonowania

Do reakcji użyto 5 gramów nieusieciowanych mikro- kulek polistyrenowych o wielkości 40 mikrometrów (Microbeads, TS 140). Umieszczono je w pięciu fiolkach o pojemności 20 ml i każdą zalano 5 ml kwasu siarkowego o jednakowym stężeniu. Pojemniki ustawiono w łaźni wodnej o temperaturze 50°C. Każdą z próbek pozostawiono na inny czas: 1, 2, 4, 8, 16, 32, 64, 128, 256 i 512 minut.

Po reakcji kwas siarkowy w każdej z próbek odciągnięto pipetą. Następnie próbki rozcieńczono 2 mililitrami wody destylowanej, w celu przeprowadzenia zobojętnienia roztworu. Zobojętniania dokonano przy użyciu stężonego roztworu wodorotlenku potasu wobec uniwersalnych papierków lakmusowych jako wskaźników pH. Potem mieszaniny umieszczono w lejku filtracyjnym podłączonym do próżniowej pompki wodnej. Następnie każdą próbką przemyto kilkukrotnie wodą. Suszenie trwało 24 godziny w temperaturze 75°C.

Otrzymane próbki miały kolor od białych (reakcja trwająca 1 minutę) do blado różowych (reakcja trwająca 512 minut). Im dłużej prowadzona reakcja tym również widoczne były silniejsze oddziaływania pomiędzy mikrokulkami – chętniej się sklejały. Również chętniej oddziaływały z wodą tworząc lekką zawiesinę.

3.3. Wpływ temperatury na reakcję sulfonowania

Do reakcji użyto 5 gramów nieusieciowanych mikro- kulek polistyrenowych o wielkości 40 mikrometrów (Microbeads, TS 140).

Umieszczono je w pięciu fiolkach o pojemności 20 ml i każdą zalano 5 ml kwasu siarkowego o jednakowym stężeniu.

Pojemniki ustawiono w łaźni wodnej o temperaturze: 20, 30, 40, 45, 50, 55, 60, 70 °C. Po reakcji kwas siarkowy w każdej z próbek odciągnięto pipetą. Następnie próbki rozcieńczono 2 mililitrami wody destylowanej, w celu przeprowadzenia zobojętnienia roztworu. Zobojętniania dokonano przy użyciu stężonego roztworu wodorotlenku potasu, wobec uniwersalnych papierków lakmusowych jako wskaźników pH. Potem mieszaniny umieszczono w lejku filtracyjnym podłączonym do próżniowej pompki wodnej. Następnie każdą próbką przemyto kilkukrotnie wodą. Suszenie trwało 24 godziny w temperaturze 75°C.

Otrzymane próbki miały kolor od blado żółtych (temperatura 20° C) do blado różowych (temperatura 70° C). Im wyższa była temperatura reakcji tym również widoczne były silniejsze oddziaływania pomiędzy mikro-kulkami – chętniej się sklejały. Również chętniej oddziaływały z wodą-tworząc mętną zawiesinę.

3.4. Wpływ wielkości mikro- kulek na reakcję sulfonowania

Do reakcji użyto 5 gramów nieusieciowanych mikro- kulek Polistyrenowych o wielkościach: 10, 40, 140 mikrometrów (Microbeads, TS 10,40 i140). Umieszczono je w pięciu fiolkach o pojemności 20 ml i każdą zalano 5 ml kwasu siarkowego o jednakowym stężeniu. Pojemniki ustawiono w łaźni wodnej o temperaturze 50°C.

Po reakcji kwas siarkowy w każdej z próbek odciągnięto pipetą. Następnie próbki rozcieńczono 2 mililitrami wody destylowanej, w celu przeprowadzenia zobojętnienia roztworu. Zobojętniania dokonano przy użyciu stężonego roztworu wodorotlenku potasu wobec uniwersalnych papierków lakmusowych jako wskaźników pH. Potem mieszaniny umieszczono w lejku filtracyjnym podłączonym do próżniowej pompki wodnej. Następnie każdą próbką przemyto kilkukrotnie wodą. Suszenie trwało 24 godziny w temperaturze 75°C

3.5. Ogólne informacje o wpływie różnych parametrów na właściwości mikro- kulek

Im wyższe stężenie kwasu, wyższa temperatura, dłuższy czas prowadzenia reakcji oraz im mniejsza średnica mikro- kulek tym większe jest ich przewodnictwo elektryczne. Efekt źrenicy będzie zachodził w określonych warunkach (odpowiednie przewodnictwo i stała dielektryczna). Na zachowanie mikro- kulek w polu elektrycznym duży wpływ ma częstotliwość oraz ich koncentracja w układzie pomiarowym.

3.6. Badania elektroreologiczne

W badaniach elektroreologicznych mikrocząstki pod wpływem pola elektrycznego porządkują się i przyciągają się nawzajem, tworząc łańcuchy, które znacznie utrudniają poruszanie się dwóch ruchomych elementów układu

[Rysunek 35]. Podczas pomiaru zwiększane jest napięcie pomiędzy elektrodami (np. od 0 do 10000 V). Układ mierzy siłę tarcia, a komputer oblicza inne potrzebne nam parametry jak np. napięcie ścinające czy szybkość ścinania.

Rysunek 35. Schemat układania się mikro- kulek pomiędzy dwiema elektrodami w elektroreometrze [19].

Napięcie ścinania:

$$\tau = \frac{F}{A}\ [Pa]$$ F= siła, A= powierzchnia

Szybkość ścinania:

$$\dot{\gamma} = \frac{v}{h}\ \left[\frac{1}{s}\right]$$ v= prędkość, h= czas

3.7. Przygotowania do pomiarów oraz ich wykonanie

Przygotowano suche mikro- kulki o odpowiednich parametrach. Następnie przygotowano zawiesinę mikro- kulek w oleju silikonowym o odpowiedniej koncentracji. Umieszczenie w 16 ml zawiesiny w odpowiednim urządzeniu pomiarowym składającym się z naczynia będącego anodą i wirującego w nim walca stanowiącego katodę. Po każdej serii pomiarowej należało przelać zawiesinę do odpowiedniego pojemnika i przeczyścić układ acetonem. Przebadano kilkanaście z około 140 próbek z powodu problemów z układem oraz brakiem wystarczającej ilości czasu (badania prowadzone były w Norwegii na Uniwersytecie NTNU w Trondheim wspólnie z dr Zbigniewem Rozynkiem).

3.8. Wyniki badań elektroreologicznych

Wyniki zostały przedstawione w formie wykresów z naniesionymi punktami pomiarowymi tworzącymi krzywe zależności od danego parametru. Zestawiono zależności napięcia ścinającego od szybkości ścinania.

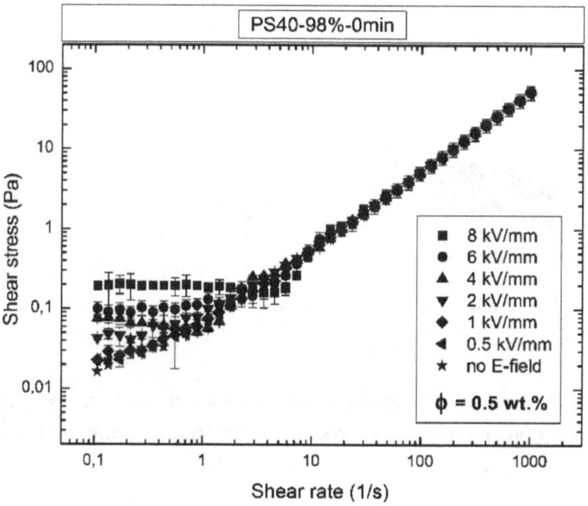

Rysunek 36. Krzywe płynięcia dla niezmodyfikowanych kulek PS40. Koncentracja wagowa cząstek wynosiła 0.5 %.

Wykres [Rysunek 36] ukazuje, że im większe pole elektryczne tym naprężenie ścinające staje się coraz większe. Jest to logiczne, ponieważ w pewnym (niewielkim) stopniu mikro- kulki polistyrenowe oddziałują z polem elektrycznym w cieczy, więc aby je poruszyć wymaga to większej siły. Przy szybkości ścinania równej 10 obrotów /s wszystkie warstwy cieczy zaczynają poruszać się z jednakową szybkością, która dalej zwiększa się dla wszystkich pól elektrycznych jednakowo wraz ze ścinaniem.

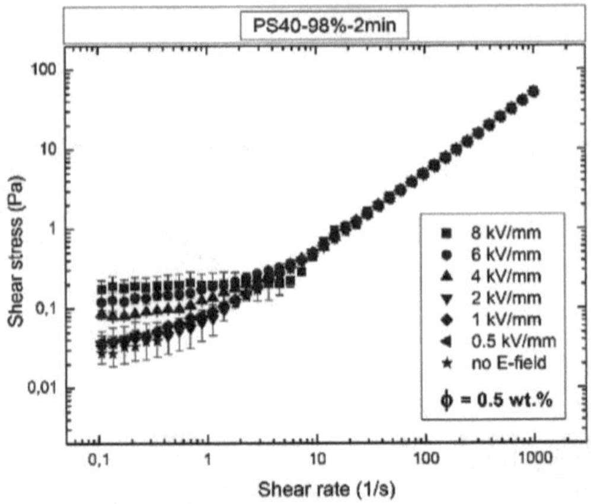

Rysunek 37. Krzywe płynięcia dla zmodyfikowanych kulek polistyrenowych PS40. Stężenie kwasu siarkowego 98%, czas procesu sulfonowania 2 min. Koncentracja wagowa cząstek wynosiła 0.5 %.

Dla kulek modyfikowanych przez 2 minuty w stężonym kwasie siarkowym nie widać znaczących różnic [Rysunek 37]. Może być to spowodowane niewystarczająca czułością urządzenia pomiarowego.

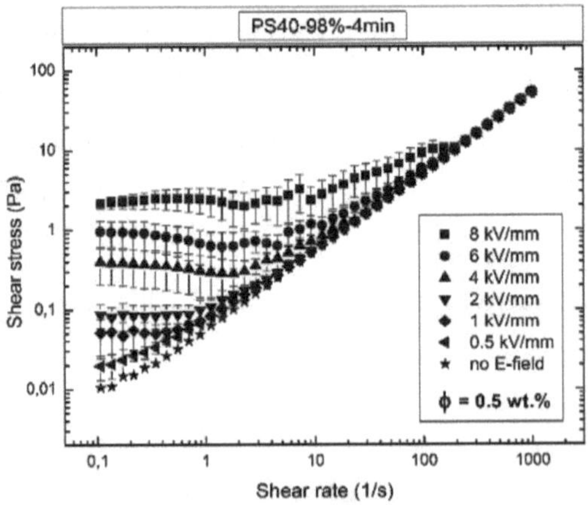

Rysunek 38. Krzywe płynięcia dla zmodyfikowanych kulek polistyrenowych PS40. Stężenie kwasu siarkowego 98%, czas procesu sulfonowania 4 min. Koncentracja wagowa cząstek wynosiła 0.5 %.

Wykres [Rysunek 38] ukazuje, że modyfikacja trwająca 4 minuty spowodowała, iż im większe pole elektryczne tym naprężenie ścinające zmienia się gwałtownie. O rząd wielkości bardziej niż w poprzednich przypadkach dla początkowej prędkości ścinania. Udowadnia to, że mikro-kulki stały się bardziej przewodzące, a tym samym chętniej oddziałują ze sobą, więc, aby je poruszyć wymaga to nakładu jeszcze większej siły. Zwiększyła się także o rząd wielkości prędkość ścinania, przy której wszystkie warstwy cieczy zaczynają poruszać się z jednakową szybkością, która dalej zwiększa się dla wszystkich pól elektrycznych jednakowo waz ze ścinaniem. Świadczy to również o tym, że różnice pomiędzy mikro-kulkami, na które działa określone pole elektryczne znikną dopiero wówczas, gdy będą poruszać się z bardzo dużą prędkością, a co za tym idzie siły związane z prędkością muszą przeważyć nad oddziaływaniami elektrycznymi. Tym samym potwierdza się zwiększenie ich właściwości elektrycznych.

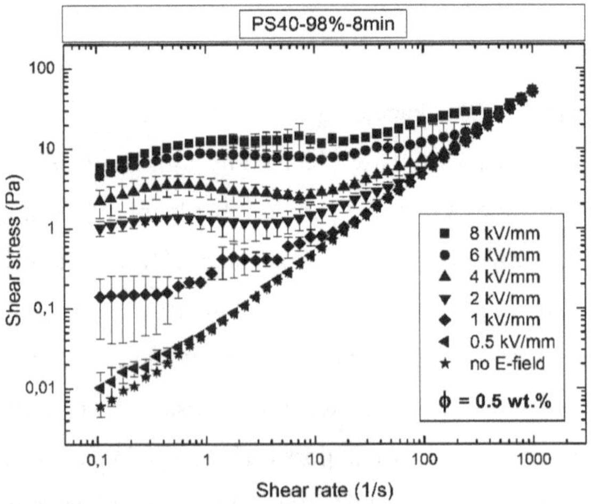

Rysunek 39. Krzywe płynięcia dla zmodyfikowanych kulek polistyrenowych PS40. Stężenie kwasu siarkowego 98%, czas procesu sulfonowania 8 min. Koncentracja wagowa cząstek wynosiła 0.5 %.

Wykres [Rysunek 39] ukazuje, że modyfikacja trwająca 8 minuty spowodowała, iż im większe pole elektryczne tym naprężenie ścinające wzrasta jeszcze bardziej gwałtownie. Tym razem wzrosło ono o prawie rząd wielkości w stosunku do modyfikacji czterominutowej i prawe o dwa rzędy w stosunku do modyfikacji dwuminutowej (dla najniższej szybkości ścinania). Znów jest to potwierdzeniem tezy, że mikro- kulki stały się bardziej przewodzące, a tym sam chętniej oddziałują ze sobą. Wykres ukazuje to, że aby je poruszyć trzeba użyć większego nakładu siły. Prawie o rząd wielkości zwiększyła się także prędkość ścinania, przy której wszystkie warstwy cieczy zaczynają poruszać się z jednakową szybkością, która dalej zwiększa się dla wszystkich pól elektrycznych jednakowo wraz ze ścinaniem. Świadczy to również o tym, że różnice pomiędzy mikro-kulkami, na które działa określone pole elektryczne znikną dopiero wówczas, gdy będą poruszać się z bardzo dużą prędkością, a co za tym idzie siły związane z prędkością muszą jeszcze bardziej przeważyć nad oddziaływaniami elektrycznymi. Tym samym potwierdza się zwiększenie ich właściwości elektrycznych. Ponadto zauważa się większą separację linii dla danych przyłożonych do mikro- kulek pól elektrycznych.

Na kolejnym wykresie (Rysunek 40) przedstawiono zależność naprężenia ścinającego w funkcji przyłożonego pola elektrycznego dla koncentracji mikrocząstek w oleju silikonowym równą 0,5%.

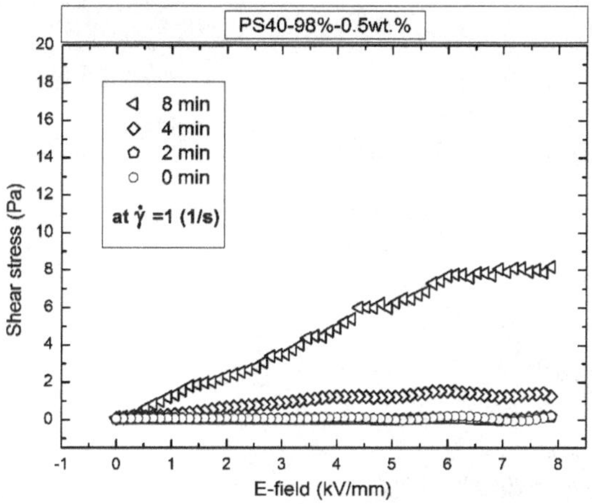

Rysunek 40. Naprężenie ścinające w funkcji przyłożonego pola elektrycznego, dla czterech próbek: kulek polistyrenowych zmodyfikowanych poprzez sulfownowanie 98% kwasem siarkowym, odpowiednio 0, 2, 4 oraz 8 min. Podczas pomiaru prędkość ścinania była stała i wynosiła 1 s^{-1}. Koncentracja wagowa cząstek w oleju silikonowym wynosiła 0.5 %.

Wykres [Rysunek 40] uwidacznia, że im dłuższy czas sulfonowania, tym kulki bardziej są podatne na pole elektryczne, są zatem bardziej przewodzące. Aby poruszyć warstwy, w których cząstki oddziałują ze sobą trzeba użyć większej siły. Tym większej im większe są te oddziaływania. Podobne oddziaływania wykazują cząstki niesulfonowane lub sulfonowane przez dwie minuty. Różnice są niewidoczne. W stosunku do tych sulfonowanych przez 4 a w szczególności 8 minut można stwierdzić, iż nie istnieją tam żadne istotne dla pracy oddziaływania.

Aby zobaczyć jak ilość mikro- cząstek w układzie zmienia jego właściwości elektryczne na podstawie badań stworzono następujące wykresy (Rysunek 41):

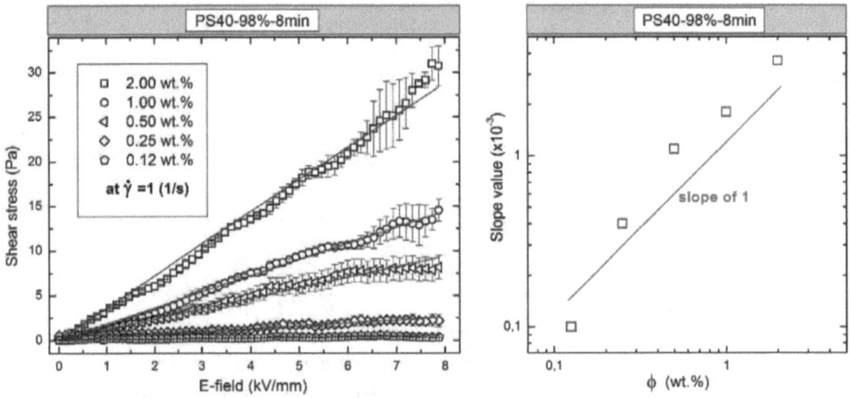

Rysunek 41. Naprężenie ścinające w funkcji przyłożonego pola elektrycznego, dla pięciu próbek różniących się koncentracją wagową cząstek w oleju silikonowym, tj. 0.12, 0.25, 0.50, 1 oraz 2 %. Kulki polistyrenowe były zmodyfikowane poprzez sulfownowanie 98% kwasem siarkowym. Czas trwania procesu to 8 min. Podczas pomiaru prędkość ścinania była stała i wynosiła 1 s^{-1}. Prawy panel przedstawia zależność nachylenia krzywych dopasowania od koncentracji wagowej cząstek w oleju.

Zbadano pięć różnych koncentracji zmodyfikowanych 98% kwasem siarkowym mikro- cząstek polistyrenowych. Okazuje się, że dla każdej otrzymano liniową zależność naprężenia ścinającego od przyłożonego pola elektrycznego. Jednakże widać, że im wyższa jest koncentracja kulek, tym nachylenie krzywej jest większe [Rys. 42]. Oznacza to, że im więcej jest ich w oleju, tym większą siłę należy przyłożyć do układu, aby przesunąć warstwę cieczy. Jest to ewidentny dowód na oddziaływanie pomiędzy zmodyfikowanymi mikro- kulkami polistyrenowymi. Prawy panel ukazuje liniową zależność pomiędzy zmieniającą się koncentracją wagową kulek polistyrenowych w oleju silikonowym a nachyleniem krzywych dopasowania.

Zmodyfikowane mikro- kulki polistyrenowe umieszczono w układzie badawczym (opisanym w punkcie 1.2) w celu sprawdzenia jak zachowują się one po przyłożeniu pola elektrycznego. Wybrano jedną przykładową jego wartość – 600V/mm. Częstotliwość wynosiła 100Hz. Porównano zachowanie czterech rodzajów próbek sulfonowanych kwasem 98 % odpowiednio przez czas równy: 1, 2, 4, 8 minut. Zdjęcia wykonywane były po czasie 0, 30 i 60 s od momentu przyłożenia pola (Rys. 43)

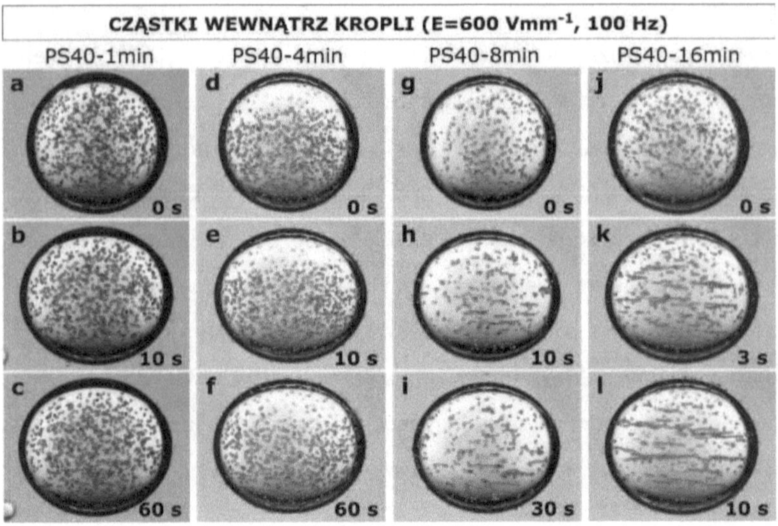

Rysunek 42. Zachowanie czterech próbek mikro- kulek polistyrenowych po przyłożeniu pola elektrycznego równego 600 /mm po czasie 0, 10 i 60 sekund od momentu przyłożenia pola.

Analizując pierwszą próbkę sulfonowaną przez 1 minutę można stwierdzić, iż na mikro- kulki nie działa żadna siła

Rysunek 42 a-c) Zatem nie zostały one przez tak krótki czas zmodyfikowane. Potwierdzają to badania elekroreologiczne, gdyż udowadniają one, że stopień modyfikacji próbki sulfonowanej nawet przez dwie minuty praktycznie nie zmienił jej właściwości.

Na rysunku widać, że pole działa jedynie na kroplę oleju silikonowego, gdyż zmieniła kształt na bardziej eliptyczny

Rysunek 42 b-c). Mikro-cząstki sulfonowane przez cztery minuty po 10 sekundach zaczynają bardzo delikatnie zmieniać swoje położenie

Rysunek 42 e). Po minucie jest to bardziej widoczne

Rysunek 42 f). Zatem zostały one mocniej sulfonowane podczas modyfikacji, a tym samym minimalnie wzrosło ich przewodnictwo skutkując drobnym przemieszczeniem w polu elektrycznym. Elektroreologia potwierdza zwiększenie przewodnictwa próbek dla czasu trwania reakcji równego cztery minuty (Naprężenie ścinające wzrosło aż o rząd wielkości w stosunku do próbek sulfonowanych przez dwie minuty), a tym samym doskonale uzupełnia zaobserwowane zjawisko (Rysunek 37 i Rysunek 38).

Gdy badaniom poddano próbki sulfonowane 8 minut okazało się, że po 10 sekundach widać bardzo wyraźne zmiany ułożenia kulek (Rys. 43 h). Zaczynają one formować się w małe lokalne łańcuchy. Ponadto wiele z nich wypływa ze środka kropli na granicę faz olejów (znacznie więcej niż w poprzednim wypadku). Już po 30 sekundach widać kolejne zmiany- tworzenie się większych skupisk łańcuchów

Rysunek 42 i). Świadczy to o dużo większych właściwościach przewodzących kulek sulfonowanych przez 8 minut w stosunku do poprzednich. Znów z pomocą przychodzą badania elektroreologiczne, które wskazują na silne zwiększenie przewodnictwa (Naprężenie ścinające dla pierwszego punktu pomiarowego jest o rząd wielkości większe niż w przypadku mikro- kulek sulfonowanych przez 4 minuty i o dwa rzędy wielkości większe dla próbek sulfonowanych 2 minuty) (Rysunek 37-Rysunek 39).

W przypadku sulfonowania mikro- cząstek przez 16 minut po przyłożeniu pola obserwuje się gwałtowne tworzenie długich łańcuchów już po 3 sekundach (Rysunek 42 k) Po czasie 10 sekund łańcuchy oplatają już całą kroplę (Rysunek 42 l). Zatem przewodnictwo mikro-cząstek gwałtownie wzrosło. Łańcuchy powstają równolegle do linii sił pola tak, aby móc lokalnie przewodzić prąd elektryczny.

3.9. Potencjał elektrokinetyczny

Potencjał elektrokinetyczny, inaczej potencjał zeta opisuje ładunek granicy powierzchni danej nano- lub mikro cząstki z jej otoczeniem (tzn. podwójną warstwą elektryczną). Za jego istnienie odpowiedzialne są zjawiska elektrokinetyczne, czyli te związane z migracją indywiduów chemicznych w przestrzeni podwójnej warstwy elektrycznej.

Niewielkie cząstki zawieszone w roztworze naturalnie posiadają ładunek elektryczny (powodem może być np. ich polarność). To implikuje powinowactwo do skupiania się wokół przeciwnie naładowanych jonów. W momencie, gdy do roztworu zawierającego zawieszone cząstki podłączy się elektrody z różnicą potencjałów elektrycznych będą one migrować do tej elektrody z przeciwnym znakiem. Powstały wówczas potencjał na tzw. płaszczyźnie ścinania (która oddziela jony silnie związane z cząstką koloidalną od jonów słabo związanych) nazywa się potencjałem zeta.

Jeden z najbardziej popularnych modeli teoretycznych określających potencjał zeta został zaproponowany przez wybitnego polskiego fizyka Mariana Smoluchowskiego:

$$\zeta = \frac{4\pi\eta}{\varepsilon} \times U \times 300 \times 300 \times 1000$$

gdzie:

ζ – potencjał zeta

η – lepkość roztworu

U – ruchliwość elektroforetyczna danego indywiduum chemicznego

ε – stała dielektryczna cząsteczki

Potencjał zeta zależy zatem od wielu czynników. Przede wszystkim istotne jest pH roztworu, w którym dokonuje się pomiaru, gdyż od ilości jonów wodorowych zależy przesunięcie równowagi rozmieszczenia jonów przy podwójnej warstwie elektrycznej. Na ruchliwość jonów, a więc i na omawiany potencjał wpływa temperatura. Równie ważna jest przyłożona różnica potencjałów i odległość między elektrodami. Niedobrym zjawiskiem, uniemożliwiającym prawidłowy pomiar potencjału zeta jest sedymentacja zawiesiny cząsteczek w roztworze. Potencjał elektrokinetyczny jest odczytywany z wykresu zależności liczby zliczeń w trakcie pomiaru od wartości potencjału.

3.10. Pomiar potencjału elektrokinetycznego

Urządzenia mierzące potencjał zeta wykorzystują zjawiska elektrokinetyczne. Do zawiesiny cząstek koloidalnych, którą umieszcza się w specjalnej kuwecie podłącza się układ dwóch elektrod (najczęściej są one umieszczone w specjalnej nasadce) i przykłada się określone napięcie. Pod jego wpływem pola cząstki koloidu migrują do przeciwnie naładowanej elektrody. Natomiast siły lepkości działają przeciwnie do tego ruchu i w pewnym momencie osiągana jest równowaga tych sił. Wtedy następuje pomiar potencjału. Liczba zliczeń potencjału zeta sięga od kilkunastu do kilkuset, w zależności od stabilności układu. Urządzenia kontrolują wszystkie niezbędne parametry (np. lepkość roztworu, temperaturę pomiaru etc.). Podczas pracy wykorzystano aparat Zetasizer Nano ZS firmy Malvern Instruments.

3.11. Zastosowanie potencjału elektrokinetycznego w badaniach właściwości fizyko chemicznych mikro-kulek polistyrenowych

Potencjał Zeta pozwoli porównać zmiany, jakie nastąpiły w wyniku sulfonowania mikro-kulek polistyrenowych. Znak i wartość tego potencjału pozwolą określić, czy i w jakim stopniu reakcja zaszła. Pomocna w tym będzie także wartość przewodnictwa roztworu. Gdy reakcja zajdzie, wówczas na powierzchni mikro-kulek w wyniku reakcji generowane są grupy sulfonowe. Ich pKa ma niską wartość, więc w szerokim zakresie pH występują w formie anionowej. W efekcie sulfonowany polistyren ma ładunek ujemny. Na powierzchni cząsteczek powinien pozostać ładunek ujemny.

Odważoną ilość 5 miligramów odpowiednich mikro-kulek polistyrenowych zalano 10 mililitrami wody otrzymując zawiesinę o określonej koncentracji. Następnie taką zawiesinę sonikowano przez 30 sekund. Do szklanej kuwety o pojemności 5 ml wlano 1,3 ml tak przygotowanego roztworu i założono odpowiednią głowicę, w której znajdowały się dwie elektrody. Całość umieszczono w urządzeniu do pomiaru potencjału zeta. Przez 30 sekund układ dostosowywał parametry, potem rozpoczęto pomiar 30 zliczeń, powtarzając cykl dwukrotnie.

Na początku przygotowano 3 próbki mikro-kulek polistyrenowych o średnicy 10 μm sulfonowanych w 90% kwasie siarkowym przez 512 minut, w celu sprawdzenia, która z nich będzie najlepsza do pomiarów. Mikro-kulki o średnicy 140 μm nie nadawały się pomiarów, gdyż zbyt szybko sedymentowały. Otrzymane wyniki przedstawiono w poniższych tabelach.

Koncentracja [mg/ml]	Potencjał zeta [mV]	Średni potencjał zeta [mV]	Przewodnictwo [mS/cm]	Średnie Przewodnictwo [mS/cm]
0,25	-34,7	-42,15	0,0335	0,0314
	-49,6		0,0293	
0,5	-43	-42,4	0,0409	0,04085
	-41,8		0,0408	
1	-46,3	-41,1	0,0261	0,0258
	-35,9		0,0255	

Tabela 1. Wyniki pomiaru potencjału zeta dla różnych koncentracji mikro- kulek w wodzie.

Potencjał zeta niewiele zmienił się w zależności od koncentracji próbki i wynosił ok. -40 mV, co świadczy o obecności ładunku ujemnego na powierzchni sulfonownanych cząstek. Jest to spowodowane obecnością grup $-SO_3^-$ [Tab.1]. Ze wzrostem koncentracji zmieniało się natomiast przewodnictwo. Zatem do dalszych badań wybrano próbkę o pośredniej koncentracji (0,5 mg/ml). Prawidłowo potencjał zeta okazał się ujemny. Oznacz to, że cząsteczki zostały zsulfonowane. Aby zobaczyć, jak czas wpływa na mierzoną wartość potencjału odstawiono na 30 minut próbkę o koncentracji 0,5 mg/ml a następnie ponownie zmierzono. Otrzymano wyniki w tabeli 2:

Koncentracja [mg/ml]	Potencjał zeta [mV]	Średni potencjał zeta [mV]	Przewodnictwo [mS/cm]	Średnie Przewodnictwo [mS/cm]
0,5 (0 minut)	-43	-42,4	0,0409	0,04085
	-41,8		0,0408	
0,5 (30 minut)	-45,3	-45,75	0,039	0,0396
	-46,2		0,0402	

Tabela 2. Wartości potencjału zeta oraz przewodnictwa dla różnych koncentracji mikrocząstek.

Po 30 minutach potencjał zeta nieznacznie zmalał. Jest to spowodowane najprawdopodobniej agregacją cząstek, które mają do siebie powinowactwo. Wówczas zwiększa się powierzchnia, a w polu elektrycznym, gdy kationy sodowe oddalają się od niej, zwiększa się naładowanie ujemne. Przewodnictwo zmalało bardzo niewiele (0,00125 mS/cm) i również spowodowane jest agregacją, skutkującą mniejszą ruchliwością jonów. Niewielkie różnice można zaniedbać i stwierdzić, ze potencjał zeta nie zmienia się w czasie.

Przeprowadzono następnie pomiary potencjału zeta dla próbek, które powstały w wyniku reakcji z 30 i 50 % kwasem siarkowym. Niestety potencjał zeta był podobny dla nich jak dla niemodyfikowanych mikro-kulek polistyrenowych (około -1-2 mV). Stąd wniosek, że reakcja sulfonowania zaszła bardzo słabo lub wcale.

Ponieważ jak wykazano powyżej reakcja sulfonowania nie zachodzi efektywnie dla stężeń kwasu siarkowego 30 i 50%, następnym krokiem było zbadanie potencjału dla próbek mikro-kulek o średnicy 40 mikrometrów, które sulfonowane były w 90% kwasie siarkowym. W zależności od czasu przeprowadzenia reakcji otrzymano następujące wyniki:

Próbka Ps 40 90%/ czas	Potencjał zeta [mV]	Średni potencjał zeta [mV]
512	-17,3	
	-12,3	-14,8
256	-27,1	
	-26,2	-26,65
128	-34,7	
	-34,7	-34,7
64	-34,7	
	-35,5	-35,1
32	-16,7	
	-13,6	-15,15
6	-3,1	
	-2,9	-3
8	-2	
	-1,1	-1,55
4	-1,29	
	-1,63	-1,46
2	-1,86	
	-1	-1,43
Wzorzec (czysty polistyren)	-1,24	
	-1,63	-1,435

Tabela 3. Wartości Pot. Zeta dla mikro-cząstek sulfonowanych kwasem o stężeniu 90%

Z danych z tabeli nr 3 można wywnioskować, że pierwsze mierzalne oznaki reakcji pojawiają się po ósmej minucie prowadzenia reakcji. Bezwzględna wartość potencjału wzrasta, ponieważ na powierzchni są indywidua, które posiadają pary jonowe (grupa sulfonowa- kation sodu), które w polu elektrycznym łatwo jest rozdzielić. Przy powierzchni kulki pozostaje tylko otoczka z ujemnym ładunkiem. Najniższy potencjał zanotowano w 64 minucie reakcji. Po tym czasie zaczyna on wzrastać. Prawdopodobnie może być to spowodowane reakcjami ubocznym w procesie sulfonowania powierzchni mikro- kulek, które zaczęły zachodzić podczas prowadzenia procesu sulfonowania. Innym bardziej prawdopodobnym zjawiskiem jest to, że zwiększona ilość grup sulfonowych w układzie pomiarowym cofa stopień dysocjacji grup sulfonowych. Następnie potencjał znów maleje w wyniku sulfonowania kolejnych warstw polistyrenu znajdujących się pod powierzchnią.

Aby zobaczyć jak na potencjał zeta wpływa stężenie kwasu siarkowego, w którym prowadzona była reakcja zbadano kolejne próbki dla różnych stężeń tego kwasu, mianowicie: 98, 95, 85, 80 i 70 %.

H2SO4 98% Czas [min]	Pot. Zeta [mV]	Pot. Zeta śred.[mV]
512	-41,5	-41,15
	-40,8	
256	-32,1	-33,7
	-35,3	
128	-30,6	-33,4
	-36,2	
64	-30,3	-31,8
	-33,3	
32	-25,9	-25,45
	-25	
16	-15,8	-15,15
	-14,5	
8	-29,8	-30,6
	-31,4	
4	-23,5	-20,25
	-17	
2	-23,7	-20,55
	-17,4	
1	-27,1	-25,7
	-24,3	

Tabela 4. Wartości Pot. Zeta dla mikro-cząstek sulfonowanych kwasem o stężeniu 98%.

Początkowo wraz z wydłużaniem się czasu reakcji potencjał wzrasta (pomijając jeden punkt pomiarowy (dla 8 minut), który może być błędny. Następnie zaczyna spadać aż do -41mV [Tabela 4].

Tabela 5. Wartości Pot. Zeta dla mikro-cząstek sulfonowanych kwasem o stężeniu 95%.

95% Czas [min]	Pot. Zeta [mV]	Pot. Zeta śred.[mV]
512	-37,5	-37,15
	-36,8	
256	-29,7	-31,5
	-33,3	
128	-35	-32,35
	-29,7	
64	-29,9	-28,45
	-27	
32	-30,8	-28,6
	-26,4	
16	-25,3	-24,35
	-23,4	
8	-27,6	-27,35
	-27,1	
4	-28,2	-27,2
	-26,2	
2	-29,8	-28,2
	-26,6	

Początkowo wraz z wydłużaniem się czasu reakcji potencjał wzrasta, pomijając jeden punkt (dla 8 minut), który mieści się w granicach błędu. Następnie zaczyna spadać (pomijając małe wahania) aż do -37,5 mV. Jest to wartość większa niż w przypadku wyniku dla sulfonowanego PS w 98 % kwasie, wynikająca z niższego stężenia [Tabela 5].

Tabela 6. Wartości Pot. Zeta dla mikro-cząstek sulfonowanych kwasem o stężeniu 90%.

90% Czas [min]	Pot. Zeta [mV]	Pot. Zeta śred.[mV]
512	-21,3	-21
	-20,7	
256	-24,7	-20,85
	-17	
128	-19	-19,1
	-19,2	
64	-27	-25,15
	-23,3	
32	-22,4	-22,25
	-22,1	
16	-35,4	-36,1
	-36,8	
8	-16,8	-17,65
	-18,5	
4	-23,7	-23,95
	-24,2	
2	-19,4	-18,85
	-18,3	
1	-17,5	-15,8
	-14,1	

Początkowo wraz z wydłużaniem się czasu reakcji potencjał wzrasta (pomijając jeden punkt, który mieści się w granicach błędu). Następnie zaczyna spadać (pomijając małe wahania) aż do -37,5 mV. Jest to wartość większa niż w przypadku wyniku dla sulfonowanego PS w 98 % kwasie, wynikająca z niższego stężenia [Tabela 6].

Tabela 7. Wartości Pot. Zeta dla mikro-cząstek sulfonowanych kwasem o stężeniu 80%.

80% Czas [min]	Pot. Zeta [mV]	Pot. Zeta śred.[mV]
512	-25,1	-24,95
	-24,8	
256	-23,7	-23,4
	-23,1	
128	-23,5	-23,55
	-23,6	
64	-24	-23,4
	-22,8	
32	-22,3	-22,3
	-22,3	
16	-23,3	-22,4
	-21,5	
8	-20,2	-19,3
	-18,4	
4	-19,3	-18,45
	-17,6	
2	-15,9	-16,55
	-17,2	
1	-14,8	-14,95
	-15,1	

Wraz z wydłużaniem się czasu reakcji wartość bezwzględna potencjału zeta wzrasta (pomijając małe odchylenia, które mieszczą się w granicach błędu) [Tabela 7].

Tabela 8. Wartości Pot. Zeta dla mikro-cząstek sulfonowanych kwasem o stężeniu 70%.

70% Czas [min]	Pot. Zeta [mV]	Pot. Zeta śred.[mV]
512	-24,6	-24,95
	-25,3	
256	-24,2	-24,5
	-24,8	
128	-25,7	-26,3
	-26,9	
64	-24,3	-25,2
	-26,1	
32	-22,3	-21,85
	-21,4	
16	-22	-21,45
	-20,9	
8	-23,5	-22,7
	-21,9	
4	-19,8	-19
	-18,2	
2	-15,1	-16,6
	-18,1	
1	-10,1	-11,75
	-13,4	

Wraz z wydłużaniem się czasu reakcji wartość bezwzględna potencjału wzrasta, ale obserwowane jest również niewielkie drugie maksimum [Tabela 8].

Po zestawieniu wszystkich danych (oprócz tych dla reakcji z 90% H2SO4- jako że najmniej pasują do pozostałych). Otrzymano wykres, który obrazuje Rysunek 43.

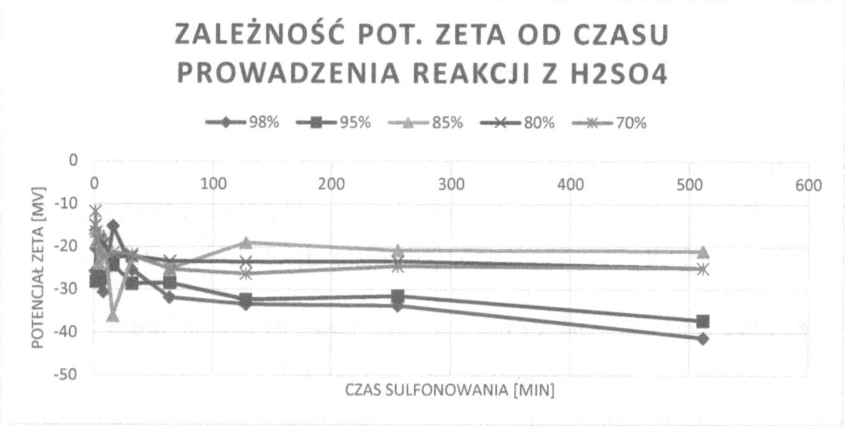

Rysunek 43. Zależność potencjału zeta od czasu sulfonowania dla próbek sulfonowanych przy różnych stężeniach.

Podczas prowadzenia reakcji sulfonowania wydziela się woda. Możliwe, że rozcieńcza ona kwas siarkowy, które przestaje z taką siłą reagować z polistyrenem. Bardziej przemawiającym argumentem jest zmniejszenie stałej dysocjacji przez dużą ilość grup sulfonowych. Szczególnie ten efekt widoczny jest dla dużych stężeń i długich czasów prowadzenia reakcji. Potencjał zeta może też wzrastać, gdy na pierwszej warstwie sulfonowanego polistyrenu może zachodzić reakcja hydrolizy (tj. rozkładu grupy sulfonowej w środowisku wodnym). Dla dłuższych czasów prowadzenia reakcji sulfonowania na drugiej powłoce też znajdują się grupy sulfonowe. Tym samym dla wyższych czasów prowadzenia reakcji potencjał zeta znów zaczyna maleć.

Pewne nieścisłości wyników mogą wynikać z niedokładności metody pomiarowej oraz czynników charakteryzujących próbkę. Metoda pomiaru jest bardzo czuła, więc pierwszym czynnikiem mogą być zanieczyszczenia mechaniczne jak np. kurz, pyłki, osad w kuwecie czy na sondzie. Kolejnym poważnym czynnikiem jest pH (gdyż od niego zależy w dużym stopniu potencjał zeta). Każda próbka przemywana była roztworem wodorotlenku sodu (w nadmiarze), a następnie wodą, więc możliwym jest niedokładne przemycie mikro- kulek skutkująca zmianą potencjału zeta.

Jednakże dane pokazują, że im większe stężenie kwasu siarkowego (VI) użytego do sulfonowania mikro- kulek, tym na ogół niższy potencjał zeta wskazujący na wzmocnienie właściwości elektrycznych polistyrenu (np. przewodnictwa). Tym samym za pomocą stężenia kwasu da się otrzymywać określony rząd wielkości np. przewodnictwa (odpowiednia wartość parametrów elektrycznych pozwoli osiągnąć efekt źrenicy).

W badaniach nad zmodyfikowanymi mikro- kulkami polistyrenowymi wykreślono wykres potencjału zeta w zależności od czasu prowadzenia reakcji. Mimo, że warunki prowadzenia reakcji jak i pomiaru były inne od moich (np. pH 10), to uwzględniając błędy pomiarowe i te wynikające z zanieczyszczenia próbek dane z moich badań są podobne do tych z wykresu [Rysunek44].

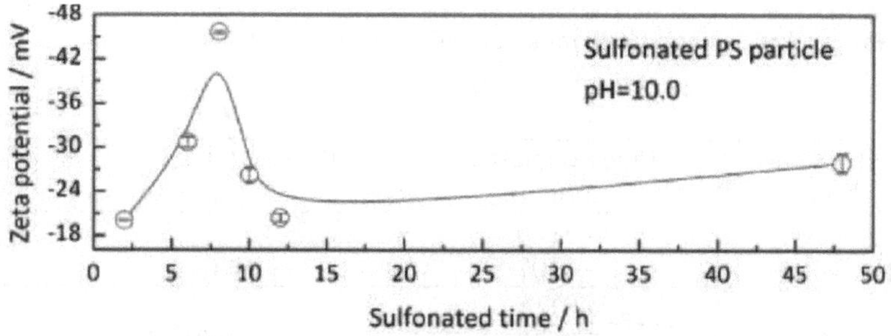

Rysunek 44. Wykres zależności potencjału zeta od czasu prowadzenia reakcji sulfonowania [20]

Dla niskich stężeń (np. 70%) potencjał zeta maleje. Dla wysokich stężeń (98%) potencjał zeta maleje, potem znów rośnie, aż w końcu znów maleje. Różnica w czasach prowadzenia reakcji z danych literaturowych wynika z odmiennych warunków prowadzenia reakcji i pomiaru.

3.12. Badanie przewodnictwa elektrycznego sulfonowanych mikro- kulek

Przewodnictwo elektryczne polega na przekazywaniu ładunków przez różne indywidua jak np. aniony, kationy czy elektrony. Wymusza to przyłożona różnica potencjałów. W zależności od tego, w jakim stopniu materiał przewodzi prąd istnieje podział na przewodniki, półprzewodniki i izolatory.

Pomiar przewodnictwa przeprowadzono dla próbki mikro- kulek polistyrenowych o średnicy 40 mikrometrów, sulfonowanych kwasem o stężeniu 90% (Tabela 8) Doświadczenie było prowadzone na tym samym urządzeniu, na którym badano potencjał zeta.

Tabela 9. Przewodnictwo mikro- kulek polistyrenowych sulfonowanych kwasem o stężeniu 90%.

90% Czas [min]	Przewodnictwo [mScm]	Przewodnictwo średnie [mS/cm]
512	0,0106	0,01065
	0,0107	
256	0,0116	0,0117
	0,0118	
128	0,0112	0,0114
	0,0116	
64	0,0171	0,01435
	0,0116	
32	0,00772	0,007805
	0,00789	
16	0,00743	0,00754
	0,00765	
8	0,00658	0,006905
	0,00723	
4	0,00711	0,00677
	0,00643	
2	0,00342	0,00322
	0,00302	
1	0,00253	0,00251
	0,00249	
wzorzec	0,00143	0,001485
	0,00154	

Pomimo małych wahań przewodnictwa wynikających z niedokładności urządzenia, widać, że przewodnictwo elektryczne wzrasta wraz z czasem sulfonowania polistyrenu [Tabela 9]. Różnica pomiędzy skrajnymi wartościami wynosi ponad rząd wielkości.

3.13. Zależność efektu dipolowego od częstotliwości

Podczas badania w układzie właściwości mikro- kulek sulfonowanych 98% przez 512 minut kwasem siarkowym zaobserwowano, że przy przyłożeniu pola elektrycznego równego 600 V/ mm podczas zmienia częstotliwości kulki zaczynają na nią reagować [Rys. 46].

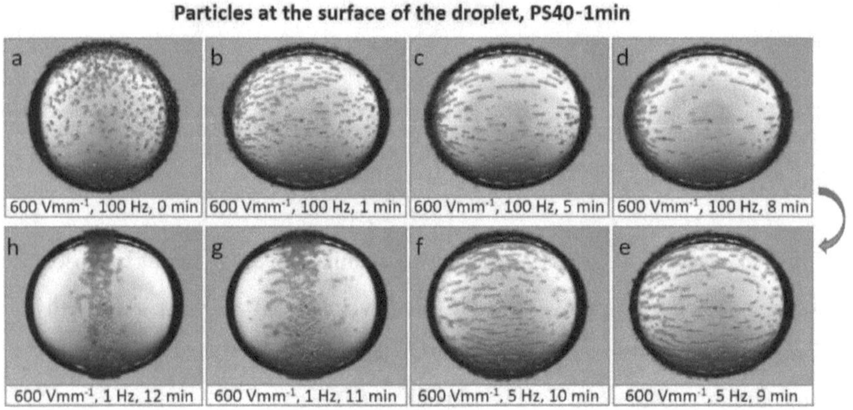

Rysunek 45 Zmiana położenia mikro-cząstek sulfonowanych przez 1 minutę w układzie w zależności od zmiany częstotliwości pola elektrycznego.

Okazuje się, że efekt źrenicy można także otrzymać za pomocą zmiany częstotliwości.

Przy wysokiej częstotliwości cząstki zaczynają układać się powoli w łańcuchy (**Rysunek 45** a-d) i wędrować w stronę biegunów. Po czasie 8 minut większość z mikro- kulek znajduje się już na biegunach ustawionych prostopadle do linii sił pola. Odpowiada za to siła dielektroforetyczna. Gdy zmniejsza się częstotliwość to cząstki znów przesuwają się w postaci łańcuchów w kierunku równika. Obserwowany jest zatem efekt odwrotny (**Rysunek 45**e-f). Natomiast, gdy częstotliwość wyniesie 1 Hz mikro-cząstki formują się na kształt równoleżnika ułożonego prostopadle do linii sił pola (**Rysunek 45**g-h). Za ten efekt odpowiada przepływ elektro-hydrodynamiczny cieczy. Istnieje zatem częstotliwość krytyczna, powyżej której w układzie nad przepływem elektro- hydrodynamicznym zaczyna dominować siła dielektroforetyczna. W zależności od użytych w układzie olejów oraz mikrocząstek zjawiska mogą być inne. W naszym przypadku elektro-hydrodynamicznego przepływu cieczy (co wynikało z właściwości użytych materiałów) był w kierunku biegunów, zatem mikrocząstki kierowane były na równoleżnik [21].

4. Podsumowanie

Zjawiska o których mowa jest w pracy nie są jeszcze dokładnie zbadane. Należy, zatem wykonać jeszcze szereg badań jak dokładne wyznaczenie przewodnictwa elektrycznego zsyntetyzowanych mikro- kulek i ich stałych dielektrycznych. Powinno się również zbadać zachowanie cząstek koloidalnych zamieniając jego parametry. W pracy skupiono się przede wszystkim na znalezieniu odpowiedniej metody, która pozwoliłaby na możliwość syntezy mikro- cząstek o różnych właściwościach elektrycznych. Taką metodą okazało się sulfonowanie mikro- kulek polistyrenowych.

Właściwości elektryczne daje się kontrolować zmieniając parametry tej reakcji jak: temperaturę prowadzenia procesu, stężenie użytego kwasu, czas przeprowadzania reakcji czy wielkość użytych mikro- kulek. Ponadto niektóre zachowania w układzie badawczym (jak tworzenie się różnych form agregacji mikrocząstek na powierzchni kropli oleju silikonowego) zależy od pola elektrycznego, jego częstotliwości oraz koncentracji cząstek koloidalnych.

Dzięki poznaniu wszystkich własności układu będzie można za pomocą pola elektrycznego i częstotliwości kontrolować zachowanie cząstek koloidalnych w określonych warunkach. Może się to okazać przydatne w badaniach nad koloidami, pozwoli odkryć nowe prawa rządzące układami koloidalnymi oraz znaleźć praktyczne zastosowanie w medycynie (synteza leków) oraz technologii (np. przy stwarzaniu inteligentnych soczewek).

5. BIBLIOGRAFIA

[1] P. Dommersnes, Z. Rozynek, A. Mikkelsen et al, „Active structuring of colloidal armour of liquid drops”. *Nat. Commun.* **4**, 2066, (2013).

[2] G.I. Taylor, “Studies in electrohydrodynamics. I. The circulation produced in a drop by electrical field”. *Proc. R. Soc. Lond. A* **291**, 159-166 (1966).

[3] Saville, D. A. Electrohydrodynamics: the Taylor-Melcher leaky dielectric model. *Annu. Rev. Fluid. Mech.* **29**, 27–64 (1997).

[4] Strona internetowa: http://www.boedeker.com/polyst_p.htm (dostęp: 20.02.2016).

[5] J. Mc Murry, „Chemia organiczna” cz. 3, PWN (2005).

[6]http://brain.fuw.edu.pl/edu/index.php/Chemia_organiczna/W%C4%99gl owodory_aromatyczne

[7] Preparation of raspberry-like silica microcapsules via sulfonated polystyrene template and aniline medium assembly method
Xin Fan & Lin Niu & Zhengbin Xia, DOI 10.1007

[8]J. Haponiuk, „Wielokompoentowe materiały polimerowe”, Politechnika Gdańska (2011).

[9] http://vega.umcs.lublin.pl/files/Adsorpcja.pdf

[10] R. Hassa, J. Mrzigod, J. Nowakowski „Podręczny słownik chemiczny”, Videograf (2004).

[11] S. Kikkawa, F. Kanamaru, M. Koizumi, „Layered Intercalation Compounds”, *Inorganic*
Syntheses **22**, 86-89 (1983).

[12] http://homc.agh.cdu.pl/ -xi/dokumenty/FFSC13.pdf

[13] http://www.sbc.org.pl/Content/96341/doktorat3451.pdf

[14] V.Marcon, N.F.A. van der Vegt „How does low-molecular-weight polystyrene dissolve: osmotic swelling vs.surface dissolution", *Soft Matter*, **10**, 9059-9064, (2014).

[15] Houben Weyl, Eds. M. Goodman, A. Felix, L. Moroder, C. Toniolo, Georg Thieme Synthesis of Peptides and Peptidomimetics, Verlag Stuttgart, New York, (2002) Volume 22, p 676

[16] W. Kaim, M. Moscherosch, „The coordination chemistry of TCNE, TCNQ and related polynitrile π acceptors". *Coordin. Chem. Rev.* **129**, 157-193, (1994).

[17] J. Wojciechowski, „Synteza i charakterystyka fizykochemiczna mikro i nano- kapsułek wypełnionych grafenem i tlenkiem grafenu", praca licencjacka, Wydział Chemii UW (2014).

[18] D.M. Donaldson, J.M. Robertson, J.G. White, „The crystal and molecular structure of perylene", **220**, 311-321, (1953)

[19] http://www.matint.pl/materialy-elektroreologiczne.php

[20] X. Fan, L. Niu, Z. Xia, „Preparation of raspberry-like silica microcapsules via sulfonated polystyrene template and aniline medium assembly method", *Colloid and Polymer Science*, **292**, 3251-3259 (2014).

[21] E. Amah, K. Shah, I. Fischer, P. Singh, „Electrohydrodynamic manipulation of particles adsorbed on the surface of a drop", *Soft Matter*, **12**, 1663, (2016).

FSC
www.fsc.org
MIX
Papier | Fördert
gute Waldnutzung
FSC® C083411

Kolibri 360 GmbH
Ferdinand-Jühlke-Straße 7
99095 Erfurt, Deutschland
produktsicherheit@kolibri360.de

Druck:
CPI Druckdienstleistungen GmbH
im Auftrag der
Kolibri 360 GmbH
Ferdinand-Jühlke-Str. 7
99095 Erfurt